急が《おんりー》ばナナメ

KADOKAWA

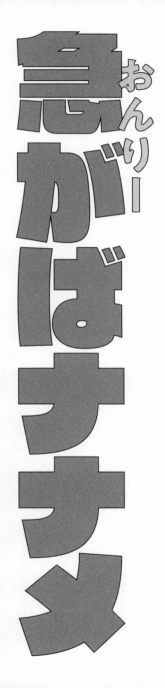

はじめに

僕は実況者になるまで、あまりゲームをしてこなかった。

小さい頃の思い出の中にゲームはあまり登場しないし、

中学ではほぼ全くやっておらず、高校からやっと少しハマリ始める。

といってもその後も、趣味でやるくらいのもので

「ゲーム実況者になりたいな」と思ったことすらなかった。

そんな僕が、運命の流れに身を任せた結果、

たくさんの人に観てもらえるゲーム実況者になってしまった。不思議な話だ。

まっすぐYouTuberを目指してここまで来たわけではない。

だからこの本には、奮起して夢を叶えるような姿はほぼ全く書かれていない。

実況者になる前のことは、卓球と地元の田舎さの話題のほうが多いくらいだ。

ただの一視聴者としてドズルさん（配信者のマネジメントや動画制作を行う株式会社ドズルの代表）に出会い、人の縁とラッキーによってゲーム実況者という仕事に流れ着いた。

そこから100％の努力や研究はしているけれど、今の僕は偶然の産物だ。

3年前の僕に「君はゲーム実況者になるよ」と言っても絶対に信じてもらえないだろう。

つくづく、自分はナナメな道を歩んできたなぁと思う。

でも、ゲーム実況者になる道はいろいろあるのだ。

小さい頃からゲームをやり込んでいなくても、青春時代を注いでいなくても、毎日空いた時間をひたすらゲームや実況に注ぎ込み続けなくても、きっかけと、努力と研究する力があれば

誰でも、いつからでも実況者になれる。僕がなれたのだから、きっと、そう。

INDEX

CHAPTER 2

明日は何を作ろうか

CHAPTER 3

そうして、僕は飛べないでいる

CHAPTER 4

僕に定時はありません

CREDIT

◆ブックデザイン
柴田ユウスケ(soda design)

◆カバーイラスト
香川悠作

◆本文イラスト
siqque

◆DTP
G-clef

◆校正
鷗来堂

◆マネジメント
ぱるぱる

◆ドズル社メンバーアイコンイラスト
ののまろ

◆編集協力
東美希

◆編集
宮原大樹

1

レベルアップには まだ足りない

CHAPTER

静かなスポーツ少年だった小学生の頃

かなりおとなしめでここまで生きてきた。

幼い頃の僕は、いわゆる「優等生」だったんじゃないかと思う。場の空気を読もうとする子どもだった気がする。といってもそれが窮屈だったわけでもなく、引っ込み思案というわけではなかった。授業中はそこそこ発言していたし、学級委員を任されることもあるくらい。当時から、ドズル社のみんなと実況しているときと同じような立ち位置だったかもしれない。基本的にはひかえめだけど、何かを決めるときにまとめ役になりがち。性格は小さな頃からあまり変わっていないのかも。

ちなみに、人見知りは昔からあまりしない。おとなしいながら、同じような性格の人に話しかけたり、盛り上げ上手なクラスメイトと絡んだり、いろんなタイプの人と仲が良かった。仲の良い人といると、口数が多くなるのも今と同じだ。

大人になって変わったことといえば、体を動かさなくなったこと。スポーツ少年だったのだ。小学校ではフットサル、中学と高校では卓球。運動は得意なほうで、体育祭では速い順に選ばれるリレー選手にも選ばれていたくらい。友達と遊ぶときも近所の公園でサッカー。体を動かすのが好きで、ゲームはあまりしない小学生だった。

運動を好きになったのは、親の影響が大きい。父は「寡黙なお父さん」を思い浮かべていただければ、まさにそれですというような人なのだが、唯一の趣味がスポーツ観戦だった。家に1台しかないテレビには、ずっと何らかのスポーツの試合が映っていた。卓球を始めた理由の一つも、水谷選手が大活躍しているのをテレビで観ていた。

なんとなく興味が湧いたことだ。

今でもスポーツは好きだし、やったほうがいいだろうなとは頭では思っている。でも、全くできていない。撮影に配信に会議にとバタバタしている時間の隙間を縫ってまでやるほどのエネルギーがない。……これは言い訳でしかないけど。散歩くらいは行けるんだろうけど、ちょっとめんどくさい。

地元の記憶の中につぶれたカエルがいる

自然が豊かな場所で育ったので、近所のでっかい池で遊ぶことが多かった。近所のおじさんが釣りをしていて、亀がすいすい泳いでいる池。そこで友達とよくザリガニ釣りをしていた。割り箸の先にスルメイカをつけるだけで、結構釣れるのだ。ザリガニ釣りに得意不得意があるのかはわからないが、よく釣れていたほうだと思う。

一方おじさんはというとブルーギルという魚を狙っていて、「これは特定外来生物だから」と釣っては処理をしていた。そんな絶賛汚い池。テレビ番組の『緊急SOS！池の水ぜんぶ抜く大作戦』の話題を見かけるたびに、あの池に来てくれたらな～という想像をしてしまう。汚いし、結構いろいろなものが沈んでると思うんだよなぁ。

その池にはアメンボもカエルもトンボも、いろんな生き物がいて追いかけては捕まえていた。幼稚園から小学校低学年くらいの頃のことだ。いろいろ捕まえたものの、連れて帰ると母に「返してきなさい！」と怒られたので、飼育したことはない。

池だけではなく、道にも大量のカエル。夏には睡眠を妨害されるほどのカエルの大合唱。数千匹はいたんじゃなかろうか。数十匹じゃあの声量は出せない。しかも普通に家に入ってくるし、窓に張り付いていたりもする。カエルは窓の向こう側にいるぶんはペタッとしていてかわいい。部屋の中に来ると嫌なのではじいちゃってたけど。

周りがほぼ田んぼだからカエルの存在は仕方ないのだが、問題なのは交通量がそこそこあること。そう、道端でカエルがぺしゃんこになっているのだ。残念なことではあるが、たくさんのカエルたちがお亡くなりになっているのが日常風景だ。

都会にお住まいの人は「ぎゃっ！」と思ったかもしれないが、これは田舎あるあるる。田んぼの周りに住んだことのある方は、「わかる〜」と情景を思い浮かべてくれていると思う。それが当たり前の景色なので「ぎゃっ！」なんて声は出ない。いつもの帰り道の、いつもの風景だ。

ご飯粒を残すなんて絶対やっちゃいけない

言葉遣いやあいさつ、食事のマナーなどしっかりしつけてもらったほうだと思う。

箸の持ち方とか、口にものを入れたまま喋らないとか、食べるときにテレビのほうを向かないとか、基本的な作法だけどそこはきっちり。ごちそうさまも必ず手を合わせる。ご飯粒を残すなんて絶対にやっちゃいけないことだと思って生きている。学生時代なんて、「汚い食べ方をする人と仲良くなれないかも」と思っていたくらいだ。

近所の人に会えば必ずあいさつ。東京で一人暮らしを始めてからも、同じマンションの方にあいさつをした。しない人も多いらしいけど、ファーストインプレッションは大事でしょ。あと、「ありがとう」も絶対だった。何かをもらったとき、小さい子は恥ずかしがって黙っちゃうことがあるけれど、僕はお礼を言うまで親からじっと見守られていた。

親の教育方針の中で、少数派だなと思うのはお小遣いがなかったこと。部活に塾にと忙しかったので遊びに行くこともほぼなかったし、部活や学校行事のときに必要なお金はその都度もらっていて、困ることはなかった。なので、お小遣いを貯めて何かを買うということもなし。何かほしいものがあるときは、お年玉頼み。年末年始に行く親の実家は、親戚が大量に集まっていたので、いい額をもらえたのだ。そのお金を1年間やりくりしてなんとかほしいものを買っていた。ゲームなどのおもちゃは年末に大きな商品が新発売になるのも良かった。お金がもらえるタイミングでほしいものが出てくるので買いやすかった。年末商戦に感謝だ。

礼儀をしっかり身に付けさせてもらえたことは、すごくありがたいことだなと思う。親の教育方針は自分にとってプラスすぎる。礼儀作法や言葉遣いはずっと身体に染み付いて、今後抜けていくことはない。最強だ。親に注意されることを口うるさいと捉える人もいそうだけれど、僕は親が厳しくて嫌だなと思ったことは全くない。反抗期も全くなかった。……と、思っていたのだけど、母から「多少は反抗してたよ～」と言われてしまった。うーん、記憶にないなぁ。

卓球はトスを上げるまでゲームが始まらない

人生で一番頑張ったスポーツは卓球。中学生から、高校まで。中学の頃なんて部活と習い事の卓球クラブの2つを掛け持ちするほど打ち込んでいた。部活を終え、帰宅して卓球クラブへ行く毎日。

小学生の頃やっていたフットサル（またはサッカー）を続けなかったのは、周りの子たちが本当に上手かったからだ。小学生から家族一丸となってやっている人たちには到底追いつけなさそうだと見切って、別のスポーツをやることにした。

卓球を始めたのは軽い気持ちだった。テレビで水谷選手の活躍を観たことに加え、小学校の体育ではあまりやらない「卓球」という種目の目新しさに惹かれて入部した。

ルールをよく知らない状態で右も左もわからないまま入った卓球部は、とても厳しい場所だった。まず、1年生はラケットを持たせてもらえない。ひたすら筋トレとランニング。2年生になり、ラケットが持てるようになると、強さでランキングされ、はっきりと発表される。顧問の先生が「とにかく経験を積む」ことを大事にしていたので、県内のあらゆる大会に応募して、大きいものから小さいものまで月に6回はなにかしらの試合に出た。土日もほぼ全て部活だ。

さらに「勉強ができない者は部活に来なくていい」という別の厳しさもあり、卓球をやりたければ勉強にも力を注がなければならなかった。卓球部の同級生と同じ塾に入り、勉強も頑張った。そんな環境の卓球部。同級生30人が入部したけれど、最後まで残ったのは半分の15人だった。

こうやって話すと、ピリピリした雰囲気の部活のようだけど、そんなことはない。みんなで部活をして、みんなで同じ塾に行って、ずっと一緒で楽しかったな〜という、いい思い出だ。当時も「つらい」「やめたい」と思ったことはなかった気がする。

習い事のほうの卓球クラブは、正反対で平和な感じ。学校の体育館を借りて、ボランティアの人が教えてくれるようなゆるいものだった。部活が終わって家に帰り、荷物を置いたらまた学校に行って卓球クラブ。まさに卓球漬けの毎日だ。習い事のほうはわきあいあいと、1年生からラケットを使って楽しく卓球ができた。競技自体の楽しさをクラブで楽しめていたのも、部活の厳しさを乗り越えられた理由の一つかもしれない。クラブには中学生だけではなく、高校生もいた。年上の迫力ある試合を間近で見られたことは刺激になっていたと思う。ＯＢの先輩が練習に来たりして、年齢が離れている人と交流できるのも楽しかった。

卓球が面白いのは、少人数でできるところ。そして、トスを上げるまでゲームが始まらないところだ。それまでやっていたフットサルは団体戦で、ずっと自分、仲間、相手の状況を見ながら、自分の動きを瞬時に決めなければならない。動きながら考え、周りに合わせ、受け取り、時にはゆずったりもする。試合中は常にボールが動いているし、いつボールが飛んでくるかわからない。気が抜けない大忙しのスポーツだ。

でも、卓球は違う。飛んでくるボールは全て僕が打ち返す球。得点ごとに試合は止まり、トスを上げるまではゲームが始まらない。考えてから動き始められる。相手サーブのときもお願いすれば待ってくれる。卓球はサーブが大切なスポーツなので、一番力を注ぐ瞬間に集中できるのがいい。変わったルーティーンはなかったけれど、手汗を拭いたりしてコンディションを整えてから臨んでいた。

結局、僕は卓球部内で1軍まで行けた。部活の引退をかけた中3の試合では、県大会にも出場した。個人戦ではぬるっと進出権を手に入れたのであまり記憶がないが、団体戦は心に残っている。3位決定戦が、めちゃくちゃ仲のいい中学校との試合だったのだ。顧問同士が親しくて、よく練習試合をしていた学校。部員は同じ塾の生徒で友達。劇的なエピソードに聞こえるだろうが、試合スタート時点では特に緊張感はなかった。戦略家な顧問の先生への信頼により、余裕があった。部員全員すでに個人で県大会に行くことが決まっていたのも、さらに余裕を生んでいたのかもしれない。

けれど、試合は結構な接戦で、緊張感がすごかった。熱い試合のすえ僕の学校が勝ち、相手はすごく悔しがっていた。最初は「ざまあみろ!」くらいに思っていた僕たちだけれど、そこは仲良しの学校同士。部員みんなで相手の学校の友達のところへ行き、慰めた。まさに青春の1ページと言うような体験だ。

ちなみに、その試合で僕は負けた。まるで勝ったみたいなノリで話してしまったけれど、普通に一学年下の、「小学生から本気で卓球してました!」という強い選手に、めちゃくちゃに負けました。

いつからゲームをやっていたんだろう

部活引退後はというと、切り替えて受験勉強に全振りすることになった。というか、今まで部活をしていた時間を勉強に当てたら勝手に全振りに……みたいな状況だ。引退したら卓球のことはスパッと考えなくなり、勉強をやるようになった。

引退から冬まで丸ごと勉強した結果、高校にはちゃんと受かった。といっても特に目指している高校があったわけではなく、出願時の成績で、塾から「この成績ならこの2択」と提示されたうちの、家から近い高校へ。もう一つは少しレベルが高く頑張れば受かるレベルだったけれど、家から遠すぎた。地元はとんでもない田舎なので、「遠い」がとてつもなく遠いのだ。全振りとか言ったわりに、意識は低い。

といっても僕が通った高校は割と進学校で、1年生の8月までに志望校を決めなければいけない、というような校風だった。そのせいか、部活はやってもやらなくてもいいというノリ。卓球部に入ってみたけれど、中学のものとは全然違うゆるい部活だった。中学の頃の放課後は卓球ばかりやっていたので、完全にリズムが乱れた。

ゲームを触り始めたのはこのときだ。

高校に入学して初めて自分のスマホを手に入れ、インターネットで「この遊び方で合ってるのかな？」「こんな上手にプレイできる人がいるんだ！」と情報を得られるようになったことで、ゲームを楽しめるようになった。

もともとの僕は、熱心に何時間もゲームをするようなタイプではなかった。ゲーム機自体は家にあり、親が流行りに乗ってマリオのゲームを買ってくれたのが最初のプレイだったような気がするが、まだ小さかったせいかハマった記憶はない。それが最初のゲーム体験だと思っていたら、「おばあちゃんの家で『ドンキーコング』やってたよね」と母から言われた。その記憶は全くない。「僕、おばあちゃんの家でゲームやってたの⁉」と驚いてしまったレベルで覚えていない。

「小さい頃からゲーム上手だったんでしょう?」なんて言われることもあるけれど、上手かったのかどうかすらわからないくらい、ゲームの記憶がない。

学生時代の僕は「ちょっとマイクラが好きな人」

高校で始めたのは『マイクラ（マインクラフト）』。といっても、中学時代にもやってみたことはあった。初めてマイクラをプレイしたときは、友達のスマホに入っていたものを、触らせてもらった。まだオープンワールドのゲームが少ない時期で、新鮮だった。どこにでも行けて、何でもできる。

当時、友達はスマホでプレイしていて、僕はスマホを持っていなかった。だから友達にやらせてもらうしかないと思っていたのだけど、ある日携帯ゲーム機でプレイできると知った。手持ちのゲーム機でやれるなら！　と試してみた。

マイクラはゲームの内容が、建築が、討伐が、というよりは、「ゲームの世界で何をやってもいい」というのがめずらしくて楽しかった。もちろん今の企画みたいな遊び方やエンドラ討伐RTA（マインクラフトに登場するエンダードラゴンを討伐するまでのタイムを競う企画※RTAはリアルタイムアタックの略で、目標達成までにかかる実時間を競う競技のこと）なんてやっていない。普通にものを作ったり、素材を集めてみたり、建築したり。今でも活躍されているYouTuberのカズさんやまぐにぃさんの動画を観て、同じものを作るのが楽しかった。本当にスタンダードな遊び方で大満足していたのだ。当時は時間を忘れて没頭して……なんてこともなく、「ちょっとマイクラが好きな人」くらいの遊び方だったと思う。

最近、そのカズさんとお会いする機会があった。動画で観ていた人。真似をしていた人。マイクラの楽しみ方を教えてくれた人。「わー、本物だ！」と、それはもう感慨深かった。

カズさんは「声のまんまだね」と僕に言った。あのカズさんが僕の動画も観てくれている！　本当に不思議な空間だった。他のメンバーと難しいビジネスの話をしているときも「おぉ……」と眺めていた。人生って何が起きるか本当にわからない。

読書感想文は頑張って誇張すればすぐ終わる

このボールが下に落ちるのは当たり前では？　落ちる速度とか気にならなくない？　と、変な思考に飛んでしまうので物理は苦手だった。

いちいち理論を理解しなくてもいいんじゃないだろうか、と思ってしまうのだ。物理や数学は、ものが便利になっていく中で必要なものではある。それを使って発明された文明の利器を使って楽な暮らしをさせてもらっている。それはわかる。でも、仕組みは知らなくて良くない？　自分が開発する側に回るなら必要だけど、日々暮らしていくだけならば使い方だけ知っていれば問題ない。その根本にある理屈がわからないと使えない……なんてものは基本的にない。使えればいいじゃないか。いつか知りたくなったら、そのときに興味を持って学べばいいと思う。

よく言われる屁理屈だが、学校の勉強は大人になると使わない。特に高校で習うようなことには「これを知らないと困る!」みたいなものがない。

いつもこういう感じで捉えてしまうので、好きだと言える教科はなかった。

でも国語は得意ではあった。現代文は、教科書を読んでいれば「ここらへんテストに出そうだな」とわかることもよくあり、読書感想文は秒で終わる。好き嫌いではなく、課題として得意だった。配信で「自由研究と読書感想文どちらか選択する宿題、どっちにしたらいいですか?」というコメントが来たときに、「確実に読書感想文が楽だ」と答えた記憶がある。

先に言っておくと、僕は本が好きなわけではない。どちらかというと読書嫌いで、今までの人生で読んだ本は10冊前後くらい。それでも読書感想文は得意。本に夢中になれなくても、読書感想文を形にするのはコツをつかめば簡単だと思う。あの手この手でセコセコと文字数を稼いでいれば、原稿用紙は埋まる。

基本は主人公や脇役に自分を当てはめて、「この感情は○○に似ている」みたいなことを書く。自分に引き寄せると、エピソードを長めに盛り込めて手っ取り早い。

奥の手だけど、自分の体験談を誇張して書いたりもしていた。例えば主人公が友達とケンカしていたら、自分が友達とケンカしたときのことを思い出し、大げさめに書いてみる、覚えていなくても、当時の気持ちを想像してみて書く。思い切って具体的に書いても大丈夫だ。思い出して考えてみることで、きっとその記憶は補完されていく。嘘をついているわけではない。

子ども同士のケンカなんて日常茶飯事。賞を取って作文が貼り出されることでもなければ、友達本人が読むこともない。先生もいちいち、「○○くん、おんりーくんとケンカしたの？」なんて確認はしない。「自分の体験を織り込めているか」は見るけれど、「その体験が本当か」なんてところまではさすがに先生も突き詰めないらしい。大きすぎる嘘をつくとバレるかもしれないけれど。

もし、友達との関係を気にした先生に、三者面談などで突っ込まれていたら少し困っていたかもしれない。「同じクラスの○○くんと教室でケンカしたとき～」とか、近場を攻めていたから。もう少し遠い人とのケンカの話のほうが、質問されたときにごまかしやすかったかもしれない。良かった、先生に何も言われなくて。

あと、人物像を知っている人のエッセイ本で書くのもおすすめだ。

最初からある程度の知識があるので書きやすい。僕は大泉洋さんのエッセイで読書感想文を書いたことがある。いきなり夏目漱石とか太宰治とか言われても、どんな人か知らない。つまりゼロから物語を読み解く必要がある。でも大泉洋さんだとなんとなくキャラクターを知っているので、「こういう意図で書いたのかな」なんて想像しやすい。

小学生の頃は、絵本でも読書感想文を書いた。

あれも書きやすくていい。挿絵の表情から読み取れることを書けるので、コスパがいい。素材選びはとても大切だ。知っている人のエッセイか、絵本か。文章以外にも情報があるものを選ぶのがおすすめ。

ただ、この読書感想文の書き方はちょっとナナメだ。本来読書感想文によって身につけるべき何かが得られていないような気もする。昔からめんどくさがりだったせいで、「どうすれば労力を割かずに終わらせられるか」を追求していたけれど、しっかり本を読み、ありのままの感想を書くほうが良かったのかもしれない。

なので、この本を読んでいる学生の人は真似しないでくださいね、と一応言っておきます。

僕は木の役がいい

学芸会が苦手だった。

僕は何でも頭で考えてから喋るので、「セリフを言う」のとは相性が悪いのだ。今でも取材を受けるとき、答えるまでに時間がかかってしまう。そういう性質なのだ。劇は何を言うか決まっているので内容は考えなくてもいいのだが、「台本のあそこらへんに書いてあったなぁ」とか、余計な情報を思い出してしまうし、単純に長いセリフを覚えるのは難しい。

だから学芸会では「木の役」みたいな、セリフが少ない役を争奪戦で勝ち取っていた。全然重要じゃない役の争奪戦。僕の小学校の劇はクラス総出演だったので、いかに目立たない役どころを得るかが勝負だった。木に顔をはめたことと目の前を馬車が通り過ぎていったことしか記憶にない。あれは何の劇だったんだろう。

この仕事を始めて、動画に演じる系のものもあるので多少は慣れてきたが、学芸会のように身振り手振りもやれと言われたら、今でも無理だと思う。

でも、合唱は好き。中学生の頃、学校選抜の合唱に没頭していたこともあり、人前で歌うことには何の抵抗もない。合唱の先生が厳しくて、結構本気でやっていた。だから、中学の合唱コンクールでは楽しめてたなぁ。

厳しく習っていたこともあり、歌を教えることもまぁまぁ得意な予感はあったけれど、「習っていた人が学校行事で仕切るのは周りの人からしたらウザそうだな」と思ってパートリーダーはやらなかった。なんかえらそうな感じがして……。合唱は好きってことは、人前で何かをするのが苦手なわけじゃないのだろう。多分、セリフを覚えて言うということだけが苦手。

高校の文化祭は自由度が高かったけれど、それはあんまり楽しんでなかったかもしれない。出し物もしっかりとは覚えていない。教室でクラスメイトと何か作ったような気がするなー程度。「こういうのドラマとかマンガでありそうだなあ」と思いながら、なんとなく参加していた気がする。

30kgの米俵を車に積むような田舎

周りは田んぼだらけ、つまり実家は田舎。家から駅までかなり遠い上、その駅から都市部までもかなり遠い不便な場所だった。最寄り駅は無人で、1両か2両編成の電車しか来ない。そもそもあの駅を「最寄り」と呼んでいいのか不明なくらいの距離だ。あれを徒歩圏とみなしたくない。

そのせいで、電車に乗って遠出することなんてほとんどなく、学生時代の移動手段は自転車と親の車。上京する準備のために6年ぶりの電車……というようなレベルで、電車と親しみのない生活を送っていた。東京に住むようになって「僕ってこんなに電車乗るの？」と驚いている。

田んぼ、池、無人駅、1両編成の電車、カエル……。

みんなのイメージ通りの田舎に、僕は住んでいた。

そんな場所だから、僕の祖父も田んぼを持っていた。毎年稲刈りや田植えの手伝いに駆り出され、お米をもらっていたのを覚えている。中学生くらいまではその季節になると手伝いに行っていた。祖父とトラクターに乗ったり、機械では手が届かないところに苗を植えたり。泥に足を突っ込んでしっかり手伝っていた。いい経験ではあるけれど、毎年やるとなると面倒くさくて疲れるイベントではある。もう何年もやっていないが、今いきなり「この稲の苗を植えろ」と渡されても、手際よくやれる自信がある。体が覚えてるような気がする。

祖父の家には昔ながらのお米貯蔵庫があった。めちゃくちゃ重い扉の倉庫。祖父は「昔は悪いことしたらここに閉じ込められてたんだぞ」と笑っていた。怖すぎる。その蔵には30kgの米俵があって、それを持たされたこともある。小さな頃はびくともしないし、無理やり持とうとするとこけそうになっていた。でも、部活でしっかり鍛えたこともあり、いつしか持てるようになった。最後は米俵を車に積む手伝いもしていた。あの米俵、今もまだ持てるかなぁ。

おじいちゃんが覚えていた僕のこと

小学生時代はしばしば祖父のもとに遊びに行っていたが、中学に上がる頃にはお盆や正月、田植えや稲刈りなどイベントがあるときにしか行かなくなっていた。

祖父は卓球がすごく上手かった。僕が卓球を始める前から「おじいちゃんは卓球が上手かったんだぞ」とよく自慢していた。僕が中学から卓球部に入ったことも、祖父はすごく喜んでくれていた。

僕が中学生のある日、「一緒に卓球をやろう！」という話になり、祖父と卓球をした。祖父は本当に上手くて、楽しかった。普段は家と田んぼでしか会わない祖父の知らない一面を知った。

その1週間後、祖父は倒れた。一気に認知症が進み、いつしか周りの人のことが誰もわからなくなった。一緒に住んでいる親戚の名前すら出てこない。自分の子供の名前もわからない。そのとき、僕と僕の家族がちょうどバタバタしているときで、すぐには会いに行けなかった。

知らせから数か月経って、やっと会いに行けた。きっと認知症もさらに進んでいて、たくさんいる孫のひとりのことなんて当然覚えてないだろうと、ある程度覚悟して祖父のもとへ向かう。久しぶり、と、緊張して祖父の前に立つと、なんと祖父は僕の名前を呼んだ。そして僕と卓球をしたときのことを楽しそうに話してくれた。

いとこの中で特におじいちゃん子だったわけではない。

特別仲が良かったわけでもない。それでも覚えていてくれたのは、きっと直前にふたりで卓球をしたおかげだ。病気でいろいろな事を忘れていってしまう祖父が、あのときのことをはっきり覚えていてくれた。子どもの僕にとって、それはとても嬉しくて誇らしいことだった。

人生で一番心が動いた経験だ。感動……とはまた違う気がするが、この気持ちを上手く言い表す言葉が思いつかない。

またおじいちゃんと卓球をやりたいな。

僕はすっかり弱くなっているだろうけど、きっとニコニコ教えてくれるだろうから。

僕が実況者になるなんて……

心の底から、自分が実況者になるなんて思っていなかった。僕が今こうなっているのは、完全に運と流れによるものだ。一言で言うと〝僕はついてる〟。

本当にたまたま、視聴者としてドズルさんの動画に参加したのがきっかけだった。当時の僕はドズルさんの視聴者で、ただのファン。

２０１９年、ドズルさんが視聴者参加型のマイクラ企画を始めた。その募集ツイートに僕がリプライをしたのも、「いつも動画を観ている人とゲームができるなんて楽しそう！」という単純な気持ちから。本当にただの視聴者で、「マイクラならちょっと遊んでるし、一緒にできるかも！」くらいのかわいいファン心理。

YouTubeのチャンネルなんか当然持っていなかったし、ゲーム実況を自分がするという考えは少しもなかった。

その企画には、僕を含め4人くらいの視聴者が参加していた。ドズルvs視聴者の建築勝負。好評だったようで、月ーくらいのペースで視聴者参加型の企画に呼ばれるようになった。出演といっても動画上で喋ったりすることはなく、画面に名前が表示されているだけ。あくまでもプレイするだけの役割で、僕たちはドズルさんのファンから「プロ視聴者」と呼ばれていた。

そのあと、視聴者参加型の別の企画も立ち上がり、引き続き呼ばれた。そのあたりから、少しだけ僕のキャラクターが出てきたような気がする。といってもトークや目立った動きで注目を集めたわけではなく、暗いところをこっそり明るくしたりとか、動画が良くなるように動いていることに気づかれた感じ。その部分が切り抜かれて大盛り上がりするみたいなプレイはないけれど、「これをやっておくと動画的に助かるだろうな」ということを裏でやる、みたいな。参加する視聴者さんの人数が増えたことで、地味に貢献する僕が逆に目立ったのかもしれない。

　さらにドズルさんの『Ｆｏｒｔｎｉｔｅ』動画にも視聴者として参加させてもらえるようになった。その頃もまだ動画内では喋っていなかったけど、おかげさまでおんりーという名前は視聴者さんに認知されてきていて、「おんりー視点も配信してほしい」というコメントもたまに見かけるようになった。それもあって、自分のコメント用ＹｏｕＴｕｂｅアカウントで実況もしてみようかな?と、チャンネルでの配信や投稿を始めた。

　そのときに上げた動画は、今みたいな企画動画ではない。ＹｏｕＴｕｂｅ的な動画編集は初めてで、とりあえずやってみてＵＰした。「暇だしやってみるか〜」くらいのノリで、今だったら怒られるようなクオリティだ。

　初めて動画で声出ししたのはＦｏｒｔｎｉｔｅだったと思う。なぜ声を出すことになったかは忘れたけれど、ドズルさんたちに「失敗しても大丈夫!」と言ってもらったことだけは覚えている。……そう言われてもこちらはただの視聴者。「え!?

いきなり何を喋ればいいの!?」と大慌て。結局、当たり障りのない会話をした気がする。

だって、ドズルさんの視聴者さんはドズルさんの実況を聞きたいわけだし……。当時の僕はとにかく邪魔をしないように、「プロ視聴者」の動きを徹底しようとした。自分のポジションをしっかり自覚した立ち回りを心がけていた。

そうやってドズルさんの動画に視聴者として参加し続けていたら、「一緒に実況をしないか」とドズルさんに声をかけられた。2020年1月のことだ。

僕は本当についている。「実況者になろう!」と決意して何かを始めたわけではない。良いタイミングに、良い人と出会えて、良い流れを作ってもらい、その波に知らないうちに乗っていた。

あのとき、募集ツイートにリプライをしていなかったら今の自分はない。あのとき、僕と同じ「プロ視聴者」の中に僕と同じスタンスの人がいたら、その人が「おんりー」として実況者になっていたのかもしれない。いつのまにか始まった実況者人生。劇的なターニングポイントみたいなものはない。じわじわ実況者に近づいていっていつのまにか始まっていた。3年ほど前の自分に、「実況者になるよ」「本を出すよ」なんて話しても絶対に信じてもらえないだろう。もしドズル社に誘われていない世界線があるとしたら、その僕は今マイクラを続けているかすらわからない。

最後に謝っておくと、時系列は間違えているかもしれない。正直、何がいつ頃のことなのかはっきりとは覚えていない。まさかこうなるとは思っていなかったので、記憶が曖昧。誰か正確な情報を知っていたら教えてほしい。

おらふくんを選んだのは視聴者の僕

「俺、Ｆｏｒｔｎｉｔｅのことわからないから、おんりー頼んだ！」

まだ実況者としての活動を始める前、プロ視聴者としてマイクラ動画に出ていたとき、ドズルさんに言われた言葉。このとき僕は、マイクラに続きＦｏｒｔｎｉｔｅの視聴者参加企画に誘われていた。しかし視聴者メンバーがまだひとり決まっておらず、ドズルさんがＴｗｉｔｔｅｒで募集してみたものの、どう選べばいいかわからないので、僕に頼みたいとのことだった。

ただの視聴者なのに、なかなか重要そうな仕事を頼まれたぞ……？　僕のチョイスのせいで動画がめちゃくちゃになることもありえる。一瞬ひるんだが、「きっと僕なりに選んでいいということだな」と瞬時にプレッシャーから解放された。悩まないのが僕の長所だ。

ドズルさんは有名な方とも絡みがある。募集のリプ欄には大物実況者さんの名前もあった。悩んだが、とりあえずいったんリサーチしてみようと応募者の配信を観に行ったら……めちゃくちゃ好青年いるやん！　と見つけたのが、当時Fortniteのプロゲーマーとしてゲーム配信をしていたおらふくんだ。「この人なら大丈夫だと思います」とドズルさんにおらふくんを推薦した。

そして、おらふくんと僕はドズル社に入る。2020年11月に僕の、2021年1月におらふくん（とおおはらMEN）の加入発表で、ほぼ同期だ。その後、会社のチャンネル名が「ドズル社」に変わり、そこでドズルさん、ぼんじゅうるさん、おおはらMEN、おらふくん、僕でわいわい楽しくゲーム実況し始め、現在に至る。

多分この流れで合っているはず。……というのも、あまりに自分の歴史がわからなすぎて、とうとう「おんりー　経歴」で検索をかけてしまった。見つけたおんりー時系列まとめ（非公式）を参考にしながらこの文章を書いている。まとめてくれた視聴者さんの方、ありがとうございます。おかげで自分の歴史を振り返ることができています。

小中高校ずっと「将来の夢：なし」

僕は将来の夢というのをほとんど持ったことがない。幼稚園の頃はバスの運転手になりたかったらしき形跡があるが、小学校から高校までは「将来の夢：なし」。卒業アルバムにも「なし」と書いた記憶がある。学生時代、一応いろいろな職業に目を向けてみたものの、心惹かれる職業はなかった。

中学生のとき、よく部活に来て練習に付き合ってくれたＯＢの先輩が、いきなり来なくなったことがある。後々聞いたところによると不登校になり、高校を辞めることになったのが理由らしい。明るくて優しい先輩だった。あんなにいい先輩でも、上手くいかない場所があるなんて。

「人生はどう転ぶかわからない」と改めて思った。そのときに「特定の夢は決めず、できることをやっていればＯＫ」という考え方がより強くなったように思う。

夢がないから、僕の人生はよくも悪くも成り行きで進んでいる。

ただ、成り行きでたどり着いた場所では、ちゃんとやるのがポイントだ。夢がなかったと言うと、やる気がない人間だと思う人もいそうだが、そういうわけじゃない。「何にせよ、やることがあるだけで幸せだ」とどんな状況でもありがたがれる性格で、その場所で結果が出せるように研究も努力もする。

だから、「配信者になってなければどんな仕事をしているか」も、ちょっと想像しづらい。そのときの運や縁による流れで何かしらの仕事に就いて、その場で頑張っているんだろうなと思う。逆に考えると、縁があったらどんな仕事でもしていそうだ。それくらいこだわりがない。

「夢がない」。それだけ聞くとなんだかネガティブな響きだけれど、結果的に僕は素敵な場所にいる。夢なんてなくても、縁と運で引っ張られた場所で頑張るやり方だって、ポジティブなものだと思う。

今となっては実況という仕事が大好きだし、自分に一番合っていると思っている。他の職業に就いても、そう感じているのかもしれないけど。

2

明日は何を作ろうか

CHAPTER

「めんどくさい」はポジティブな言葉

僕は「めんどくさい」とよく言うらしい。編集してくれているスタッフさんに言われて知った。どうやら口癖のようだ。

日常には面倒なことがあふれている。洗濯、ゴミ出し、洗い物……。手順が変わらないことは特につらい。料理は作るものによって工程が違うからまぁいいけれど、家事は基本的にめんどくさい。放っておくと後々自分が困るのでサボることはないが、できることならやりたくない。生活にも、仕事にも、面倒なことはたくさんある。

めんどくさいという言葉自体は、ネガティブなものではないと思っている。「めんどくさいからどうしよう」で、仕事も生活も改善されていく。

例えば配信環境。僕はかなり整っているほうだと思う。ごちゃごちゃした配線を整理し、ワンボタンで切り替わる機械をかませて、いちいち抜き差ししなくていいように整えた。手元でアプリケーションの起動ができる「ストリームデッキ」を置いたり、単純にモニタを何枚も置いたり。同じような仕事の人に薦められたものは、とりあえず調べ、さらに「めんどくさい」を減らせないか探求している。

最近買って良かったものはゴミ箱。40ℓくらいの大きめの蓋付き。手で押しても、足で踏んでも、腰をぶつけても開くというすぐれものだ。ゴミ箱は大きいほうがいっぱい入って楽だし、蓋を開けやすいと日々の小さなストレスが減る。

引っ越したばかりなので、今が環境を整えるタイミングだ。大きめの冷蔵庫、空気清浄機と加湿器が合体したもの、電気ケトル、棚……いろいろなものを買い揃えている。どうせなら最初に全部便利にしておいたほうがコスパがいい。

効率化にはお金をかけているほうだと思う。物欲はないけれど、便利グッズはなぜかけっこう買ってしまう。そういえば親も便利グッズが好きだった。もしかして、効率好きは遺伝なのかな?

最近買って便利だったものは、鍋の中に入れるザル。パスタをゆでるときに使う。ゆで上がったら鍋の中からザルだけを引き上げれば麺を湯切りしてそのままフライパンにぶちこめるというアイテムで、ゆで汁を使うレシピのときに重宝している。普通のザルを使ってシンクで湯切りすると、1回ゆで汁を他の器に移して取っておく必要があって、めんどくさい。なので、どうしてもこのやり方で湯切りをしたくて、手持ちの鍋にちょうどいいサイズのものをめちゃくちゃ探した。

考えてみたら、僕が実況でやっているRTAも「無駄を省く」ことが重要だ。僕の「めんどくさい」は仕事にもかなり活きている。

ウォークインクローゼットは箱置き場

最近、少し高価なサーキュレーターを買った。その箱は、部屋の片隅につぶさずに置いてある。僕は箱を捨てられない。

いい箱してるなぁと思うと、取っておいてしまう。役に立つかといえば、まぁ無駄ではない。引っ越しのとき、PC周辺機器などは同じ箱に入れると衝撃に耐えてくれる。当たり前だが、ぴったりの箱には安心感がある。新しく近い大きさの段ボールを準備して入れて、隙間にいろいろ詰めるのはめんどくさいしね。

そんな僕のウォークインクローゼットの中は、8割が箱。布団や災害用の寝袋も置いてはいるけれど、ほぼ箱で占居されている。ちなみに服は入っていない。僕はそれほど服を持っていない。前の家にもウォークインクローゼットがあったが、そこも今と同じように箱置き場になっていた。

ただ、最近引っ越したこともあり、あまりに箱が増えすぎたので少し減らすようになった。モニターの調子が少し悪くなってきたので、まず箱を捨てた。モニター自体はまだ使えるんだけど。「まぁもう持たんやろ」「次の家には持っていかんやろ」と思ったものは、箱を捨てる。本体を捨てるのはもう少し先になりそうだけど、箱はいらなくなりそうなので。

物にこだわりがあるほうではない。なので使えるものは長く使うし、「これじゃないとダメ！」というものも特にない。そんな僕も、マウスだけは同じものを3回連続で購入している。ボタンが多すぎず、コードがジャージの紐みたいに太くて断線しづらく、絡まない。手にもフィットしており、他のものを買う理由もないのでずっと同じマウスだ。

ただ、「このマウスが廃盤になったら困る！」というほどの愛着を持っているわけでもない。「これでいいや」程度のものなので、もし廃盤になっても、似ているものを探して、またそれを使い続けるだろう。僕は本当に、物にこだわりがない。

にんにくはチューブじゃない

基本的に食事は自分で作る。かなり忙しいときでも、カップ麺や外食になることは多くて週2回くらいだ。めちゃくちゃ自炊する。

企画でデリバリーのご飯を頼んだとき、その金額にびっくりして自炊派になった。人件費やその他の費用が乗っかっているのは承知のうえだが、それでも「こんなに高くなるの⁉」と驚いてしまった。そのときに、「料理はめんどくさいで回避しちゃいけないことだ」と決意した。あれは高い。めちゃくちゃ高いですよ。

「自炊してます！」と言うと料理上手みたいに聞こえてしまうかもしれないが、手の込んだものを作るわけではない。だいたいは簡単なパスタやうどんや丼をなんとなく調理している。特にパスタは、ＹｏｕＴｕｂｅでレシピが無限に見つかるので、片っ端から作るつもりだ。どの程度のレベルかと言われると説明しにくいけど、とりあえずにんにくはチューブではないです。生にんにく常備です。

他には牛乳、でかめのオリーブオイル、長ねぎ、九条ねぎ、じゃがいもは常にある。ねぎは何にでも振りかけられるし便利。じゃがいもは小腹が空いたときにぴったりだ。下手にスナック菓子を食べるより体に良さそうだし。


おかず系だときんぴらをよく作る。基本的に実家で出てきていたものを作りがちで、母に連絡してレシピを聞いたりもする。「実家のご飯はバリエーションが豊かだったんだなぁ」と思いながら料理している。

今週作っておいしかったのは、じゃがいものガレット。常備しているじゃがいもで作れるし、スライサーを使うと結構簡単にできるのでありがたい。昨日はオムライスを作った。ご飯とウインナーとみじん切りの玉ねぎを、バターとケチャップで炒めたシンプルなやつ。おいしかったけれど卵でご飯を巻くのがどうしても上手くできなかった。なので薄く焼いて載せました。

手の込んだものだと、トマトからのソース作りもした。初めての湯むきだったけど、特に失敗することもなくするっとできたので、ちょっと感動した。ただ、結局ただの液体トマトだねって味になっちゃったので、ソースは買うものだと胸に刻んだ。市販のやつのほうが、複雑な味がしておいしい。

ペペロンチーノは市販のソースを使うより、自分で作ったほうがおいしいんだけどなぁ。作りすぎて上達してしまった。おんり一的コツは「オリーブオイル気持ち多め」です。

いろいろ作っているけど、健康のことを考えたりは特にしていない。健康面を考えて「ちゃんと朝ご飯を作って食べよう!」と思い立ち、朝から魚を焼いて味噌汁を作り、小松菜のおひたし、冷奴……と5品ほど作ってみたこともあるが、普通に食べきれず、「アホらしいな」と思ってそれは1日でやめた。

今はおいしくて、お腹が満たされればそれでいいという気持ちでレシピを決めている。とはいえ家で揚げ物をする気はあんまり起きないので、そこそこヘルシーな食生活になっているはずだ。年齢的にも偏りすぎてなければ大丈夫だろうし、今のところはこんな感じでいいでしょう。

次の日の朝昼兼用のご飯を作ってから夜寝ることも多い。午後の動画の収録がだいたい5~7時間ぶっ続けなので、お腹が空かないように必ずご飯を食べてからやる。収録後にはお腹が空いていて、夜ご飯を作って食べる。

そういえば、最近の引っ越しでキッチンが広くなった。前の家はワンルームで、キッチンが狭くてまな板を置くスペースすらなかった。なので今はかなり快適。料理するのがさらに楽しくなった。せっかく広くなったので、冷蔵庫も3~4人家族用のものに買い替えた。今のところその冷蔵庫が人生で一番の大きな買い物だ。本当に買って良かった！　と感動している。

安いスーパーに行ったとき、「これは冷蔵庫に入らないからやめておこう」をやらなくていい。冷蔵庫の容量を気にせず買い物できるのは本当に快適だ。買いだめもし放題。本当にストレスが減った。さらには今まで冷蔵庫に入れられず、部屋の隅の涼しい場所に置いてあったものも全部冷蔵できる。たくさん作り置きしても入れておける。最高だ。大きい冷蔵庫はもうやめられない。

実家に帰ると麺つゆを買う

安く買えることはとても嬉しい。少しでも安いものを選びたい。お金をたくさん使うことがあまり得意じゃなくて、思い返してみると「無駄遣いしちゃったな」と思った買い物をしたことがないかもしれない。忘れているだけのような気もするが、基本的には「買って良かった！」と思えるようなものしか買わない。

こだわりがないものに関しては、できるだけ安いほうが嬉しい。どんなものならこだわるの？　と聞かれてもひとつも思い浮かばないけど（笑）。

実家に帰ると麺つゆを買う。地元のスーパーのほうが明らかに安いからだ。名産品とかでもなく、東京のスーパーにも普通にある商品。工場が地元にあるわけでもない。全く同じデザイン、同じ容量のボトルの麺つゆが１００円くらいで売っていて「なんで!?」と驚いた。東京で見たときは200円近くしたはずなのに……。帰省してわざわざ買うものではないけれど、100円の差が大きすぎてつい手に取ってしまう。その他の調味料でもたまに「別の商品なのか?」と思うくらい安いものが見つかる。そういうものは買って、東京の自宅に持って帰る。

僕が地元で買って東京に送るものとは別に、親のチョイスで仕送りとして送られてくるものもある。なぜか僕が自炊しているとは全く思っていないようで、段ボールの中にはゼリー飲料やらカロリーメイトやらがいっぱい。しかも賞味期限が迫っているもの。多分、非常用の備蓄の入れ替えついでに仕送りしているようだ。

あとはなぜか布団用のダニ取りシートもよく入っている。そういえば実家の自分の部屋にもあったなあ、なんて思いながら律儀に毎回シートを替えている。意味はあるのだろうか。使用前・使用後を顕微鏡で見比べるわけでもないので、効果のほどはわからない。でもせっかくもらったし……と取り替えてしまう。

親から送られてくるものの中で、お味噌が一番嬉しい。実家で使っていた味噌をよく送ってくれる。自炊してないと思っているだろうに、なぜ送ってくるのかはわからないけれど、ありがたい。それで僕はお味噌汁を作っている。

きゅうり入れたし大丈夫でしょ

豆類が苦手だった気がするけれど、なぜか食べられるようになっていた。粒あんも避けていたはずなのに今はもう食べているし、嫌いな食べ物というのがない。「食べ物を残す」が僕ルールでは絶対に無理なので、いつの間にか克服したんだと思う。苦手そうかな？　と感じても、食べてみればだいたいのものはおいしい。

実家にいたときは、毎日ヨーグルトを食べていた。朝晩欠かさず。何かのテレビ番組で、「ヨーグルトや納豆などの発酵食品は夜に食べたほうがベター」という情報を得て、夜にも食べるようになった。おいしいし体にもいいなんて、ヨーグルトは素晴らしい。

簡単に食べられて、しかも栄養もとれるというものに昔から弱い。丼やパスタが好きなのも、簡単に作れて、いろいろなものを入れられるからだ。1皿で完結するメニューは、一人暮らしの強い味方。何より、食器を洗うのが楽。

楽に栄養をとるという観点だと、コストコのハイローラーが完璧だと思う。知らない方は一度検索してみてほしい。ベーコンと野菜がタコスの皮（トルティーヤ）で巻かれている食べ物だ。炭水化物、肉、野菜が全てとれる。もちろんおいしい。箸すらいらず、つかんでぽいと食べるだけで栄養もばっちり……だと僕は思っている。中学生の頃に母親が買ってきて「なんてコスパのいい食べ物なんだ！」「毎日3食これでいいじゃん！」と感動してしまった。

なんだか健康を気にしてるのか気にしてないのかわからない話になってしまったが、はっきり言うとそんなに気にしていない。体に悪いもの、おいしいですからねえ。深夜まで仕事をしたら、エグい時間にパスタをゆでることもある。そういうとき、少し野菜を入れると罪悪感が薄れる。「きゅうり入れたし大丈夫でしょ」みたいな。健康に気をつけているのではなく、自分への言い訳としての野菜。それでも食べないよりは良いと思うので、これからも気持ちが安らぐ程度に野菜を入れて、料理していこうと思う。

人の目がないところではぽやっとしている

僕は今、めちゃくちゃ落ち込んでいる。朝起きてテーブルの上を見たら、牛乳が出しっぱなしになっていたからだ。ここ最近で一番落ち込んでいるのが今。昨日の夕方に買ったものを、冷蔵庫に入れ忘れていた。悲しい。すごく悲しい。まだ封は開けていなかったけど、牛乳はさすがにやばい。食べ物を粗末にするのは苦手なので、打ちひしがれながらシンクに流した。

人に迷惑をかけるミスには細心の注意を払っているけれど、ひとり完結のおっちょこちょいはけっこうやってしまう。オリーブオイルを冷蔵庫に入れたり、チューブタイプのバターを出しっぱなしにしてどろどろにしたり。

僕は、ひとりのときは何も考えていないのかもしれない。人の目があると「ちゃんとしなきゃ！」というスイッチが入るが、ひとりのときはぽやっとしてしまう。

極まれにそのぽやっとが、ひとり仕事のときにも出現する。人生で最も焦ったのは、動画の録画ファイルの整理中に、全てを一気に削除してしまったことだ。動画のサムネも名前も似ているので、「消していいゾーン」と「取っておくゾーン」を普通に間違えて、サクッと消してしまった。

そのファイルは全て必要な関係各所には送信済みで、すぐに大惨事になるミスではなかったけれど、どこかでハプニングがあり「もう一度録画データをください」と言われると、かなり最悪なことになるという状況だ。

さらに、そのときに同じフォルダに入れていた普段使いしているサムネイルやマイクラスキンも全てなくなった。自分のミスなので、もう一度発注したり誰かに探してもらうのも申し訳ない。できない。全部自分でありとあらゆるところを調べて、さかのぼり、かき集め、何とか取り戻すことができた。

そして消してしまった録画ファイルが必要になることもなく、動画もＵＰされた。でかいミスだが、こっそり自分が慌てふためいただけで済んだ。本当に良かった。あのときの焦りに比べたら、牛乳なんてまだかわいいもんだな。元気出そ。

上手く買えない詰め替え用

柔軟剤が、なんか変な匂いがする。

一人暮らしを始めてからずっと、実家と同じものを使っているはずなのに、いつもと違う匂いがする。同じボトルに、同じ商品を詰め替えているのに。

先日、帰省したときに、実家にある柔軟剤を確認したら、僕が詰め替えているものとはぜんぜん違うものだった。同じメーカーの似た色っぽいものを選んで買い続けていたつもりだったが、どこかで入れ替わっていたようだ。商品名も匂いの名前も確認せずに「これかな?」と買っていたので、そりゃ間違うよなあ、とは思う。

どうやら気づくまでに数回は違うものを買っていそうな気配を感じる。パッケージの差が、1回の飛距離じゃない。僕は匂いにあまり敏感ではないようだ。詰め替えのたびにボトルを洗っていたとはいえ、普通は匂いの変化に気づくものだろう。あまりにかけ離れた匂いになってやっと間違えているとわかった。ずっと同じものを使い続けるつもりだったのに……。一番最初に買ったときは、実家で使っていた商品の写真を見ながら探したはずだ。でも、いつのまにか「これやろ」と確認せずに買うようになり、だんだんとかけ離れたものに変わっていってしまったのだろう。

この調子だと、おそらくシャンプーも入れ替わっていると思う。同じように、「これが今使っているやつっぽいな」と確認せず勘で詰め替え用を買っているし、シャンプーは柔軟剤以上に「同じブランド、似たパッケージだけど別の商品」というものを売り場で見かける。これは確実に入れ替わっている。

シャンプーは、髪の毛のために同じものを使い続けたほうが良いという説を見かけたことがある。だからそうしているつもりだった。でも柔軟剤の件を受けて、おそらくそうなっていないとわかった。これはよくない。

じゃあどうする、といえば「気をつけます」と宣言することしかできない。これからは商品名をしっかり覚え、ときにはボトルと詰め替え用の写真を見比べ、徐々に遠ざかっていかないように気をつけていこうと思う。

おんりーのルーティーン

生活は規則正しいほうで、毎日だいたい10時に起き、深夜2時に寝る。仕事の具合によって寝るのが遅くなることもあるが、だいたいこの時間帯で生活している。起きたらまず洗濯物カゴを確認し、溜まっていたら回す。一人暮らしなので2日に1回程度だ。そして前日の夕食の食器を洗う。この朝の家事ルーティーンが終わったら仕事の1つ目に取り掛かる。11時からはドズル社のミーティングに参加することも多い。

昼食を食べて、午後1発目の仕事はだいたい14時から。19時までぶっ続けで動画を撮ることが多い。そのあと夜ご飯を作って食べ、お風呂に入り、21時くらいから夜の部の仕事スタートだ。今日はこの原稿執筆が夜の部。何も入っていないときは配信をすることもある。

その日によって多少ずれることはあれど、だいたいこのルーティーンで生活している。リズムが崩れることはあまりない。夜はしっかり寝ている。

実況や配信をやりながら規則正しい生活が保てるのは、昔から早寝早起きが得意なおかげかもしれない。実況を始める前は、早起きして午前中に予定を詰め込み、午後を空けるのが好きだった。今でも、休みの日には午前中から予定を入れることが多い。最近だと、引っ越し用の家具を揃えるために午前から動き回っていた。

ゲーム実況者にはあまり早起きのイメージがないかもしれない。でも、身近にドズルさんという朝から働きまくる人がいるので、僕としてはそんなに違和感がない。初めてドズルさんの仕事ぶりを見たときは、「ゲーム実況者ってこんなに早くから働くの⁉」と驚いたけれど。

そんなドズル社長のおかげか、スケジュールは会社が完璧に管理してくれている。カレンダーアプリで共有し、誰がどこで何をするかみんなが把握でき、人気タイトルの発売日までスケジュールに入っていて助かる。

なるべく規則正しく、きっちりやりたい派の僕に、ドズル社はぴったりだ。

夏休みの宿題は夏休みが始まる前に終わらせる

連絡は秒で返す。仕事もプライベートも。時間があればすぐ既読をつけ、返信する。相手の言葉で話が終わっていても、見ましたの印として必ずスタンプを送る。連絡する側のとき反応がないと不安になってしまうので、自分はちゃんと返すようにしている。既読だけつけて反応を後回しにすることもない。読むと返した気になって忘れてしまうからだ。

締め切りがはっきりと決まっていないお願いも、連絡に気づいたら最速で返す。「このマップができたので確認しておいてください」と送られてきたら、読んだ瞬間にプレイしてみる。テレビ収録で「このセリフを録音して送ってください」と言われたときも、メールを見てすぐに録音して送った。メールやＬＩＮＥを確認できるタイミングは時間があるとき。だから、あまり手間がかからない作業であればそのときにやってしまったほうが早いし忘れない。

今できるならさっとやる。あまり後回しにはしないほうだと思う。

「夏休みの宿題早めに終わらせる？　ギリギリにやる？」みたいな話題がたまに出てくるが、僕は、夏休みの宿題を夏休み前に終わらせていた。これは僕の性格ではなく、部活の厳しさによるものだけど。夏休み中盤にある大会までに宿題を終えていないと、置いていかれるという恐ろしい部だったのだ。心配性の僕は、早め早めを極めすぎて夏休み前に終わらせるようになってしまった。

しっかりしてるね〜なんて言われることもあるけれど、僕にとっては先延ばしにするほうが苦痛だ。すぐやっておいたほうが忘れないし、「あれやってないな」とそわそわすることもないし、気分良く過ごせる。

つい後回しにしちゃう！　という声もよく聞くし、気持ちはわかるけれど、あとのことを考えてみたらさっさと済ませておいたほうがいいことばかりだ。先延ばしぐせがある人も、ちょっと頑張る期間をもうけて前倒しに慣れたら、後回しする生活には戻れなくなるんじゃないかな。本当に快適なので。

所要時間の倍で見積もって30分前集合

遅刻や寝坊をすることがほとんどない。やらかした！　というレベルのものは一度もないはずだ。

その理由は、ものすごく心配性だから。「どうやって行くんだろう？」「道に迷わないかな？」「電車が止まらないかな？」とハラハラするので、調べて出てきた所要時間の倍で見積もって家を出発してしまう。例えば30分で到着するなら1時間前。これは社会人になる前からずっとそうで、集合時間の30分前に到着することもよくある。予定の直前まで別の用事を入れることもほとんどない。

僕が遅刻するとしたら、日にちごと間違えたときくらいだと思う。場所も時間もしっかり確認するので、うっかり見落とす部分があるとするなら日にちだ。幸いにも、まだその間違いをしたことはない。

学生のときも、遅刻を一度もしたことがない。学校は始まる時間も場所もいつも同じだから簡単。社会人だといきなり場所が変わるとか、日によって時間が違うことがあるので、勘違いで遅刻する可能性がある。でも学校は年単位で全く同じルーティーン。遅刻につながる要素がない、と僕は思う。

一度だけ、コラボ撮影で遅刻をしそうになったときはもうとんでもなく慌てた。めちゃくちゃ病院が長引いてしまい、倍の見積もりでもはみ出すほど時間がズレた。しかも初めてコラボする実況者さんで、やってしまった！　と、大慌てで「遅れます！　すみません！」と送り、もうこれはやべえと全力疾走で帰宅。そして遅れること数分？、ドキドキしながらＰＣをつけてみたら、なんとまだ誰もオンラインになっていなかった。時間には遅れたが、遅刻にはならなかった。めちゃくちゃホッとした。

待たせるのは苦手だけれど、待つぶんには全然ＯＫ。待ち合わせ場所に着いてからドタキャンされなければ大丈夫。30分くらいは、何も気にせずその場でぼーっと待っていると思う。

スーパーの袋につけるゴムの取っ手

僕のかばんの中身は5つ。スマホ、財布、マスクケース、アルコール除菌スプレー、スーパーの袋につけるゴムの取っ手。僕は荷物が少ない。

「スーパーの袋につけるゴムの取っ手」に引っかかった方も多いだろう。これは、袋の取っ手の部分に引っ掛けると、手や袋にかかる負担を軽減してくれるグリップのようなものだ。想像しづらい場合は「ビニール袋　グリップ」等で検索してみてほしい。似たようなものが出てくる。それを絶対にかばんの中に入れている。

「なんで?」と思うかもしれないが、これをぜひ持ち歩いてみてほしい。便利さに納得するはずだ。特に僕は出かけた帰りに買い物をすることがよくあり、1週間分の飲み物を買うこともある。そのときに、この取っ手はとても重宝する。場所を取るものではない。1つかばんの中に入れておけば、買い物が快適だ。

取っ手を持ち歩くようになったのには理由がある。まだこの取っ手を使っていなかった頃、飲み物を買い込み、家に帰っていた僕。東京の大通りのど真ん中で、なんと袋の取っ手がちぎれてしまったのだ！　大量の飲み物を抱えながら人通りの多い場所を歩くのは恥ずかしかった。あの体験を二度としたくはない。そう思って導入したのがこの取っ手だ。

クレーンゲームで商品をたくさん取ったときにも使えるし、備えあれば憂いなし。僕は対面のミーティングのときにも、この取っ手をかばんにしのばせている。


アルコール除菌スプレーについてもマストだ。いつも思うのだが、お店に置いてあるものを使うとき、プッシュするところを触っちゃうの、ちょっと気にならない？多くの人が触っているものを触るのが気になるから除菌するのに……。その後で消毒するとしても、なんか意識的に微妙では？　と思ってしまう。足で踏むタイプや、手をかざすと自動で出てくるものに関しては信用しているが、素手で押すタイプのものは使わない。自分の除菌スプレーを使う。僕が気にしすぎなのかもしれないけど、店頭に置いてあるプッシュ式アルコールスプレーについては、ちょっと納得いっていない。

逆に持ち歩いていないものといえば、スマホの充電器。家でずっと充電しているし、外ではスマホをあまり触らない。スマホゲームもしない、ＬＩＮＥもあまり来ない。見るのは乗換案内と地図を確認するときくらい。なので、外出先で充電がなくなることがない。

あと、ワイヤレスイヤホンも怖くて持ち歩けない。なくすのが怖いのではない。「外でワイヤレスイヤホンをつける」ということ自体にドキドキする体になってしまっているのだ。

あれは高校生の頃。なぜかわからないが、僕が通っていた高校と警察がタッグを組んで「ワイヤレスイヤホンをして登校している学生」をビシバシ取り締まっていた。でっかい橋の手前で検問をしていたのを覚えている。そのせいで「ワイヤレスイヤホン＝警察に取り締まりされるもの＝違法」みたいな脳になってしまったのかもしれない。

それ以外にも、ワイヤレスイヤホンについて心配なことはある。電車の中で音楽を聞いていたら乗り換えに気づけないかもしれない、いきなりBluetoothが切れて爆音で音を流してしまうかもしれない、そんな不安まである。なので僕は、ワイヤレスイヤホンも持ち歩かない。つけないに越したことがなさすぎる。

持ち物は5つ。スマホ、財布、マスクケース、アルコール除菌スプレー、スーパーの袋につけるゴムの取っ手。それでじゅうぶんだ。

1滴もお酒を飲んだことがない

中学生の頃のアルコールパッチテストで、僕の腕はパンパンに腫れ上がった。お酒の話題が出るたびに、あの真っ赤な腕のことを思い出す。飲まなきゃ飲まないで生きていけるものだし、コロナ禍で飲み会も減ったようだし、このまま1滴も飲まずにいく予定だ。

お酒によって、自分に何かポジティブなことが起きそうな気がしない。周りの人がお酒を飲むような場に行っても遠慮している。

自分がお酒を飲まないだけで、嫌悪感はない。「お酒好き」というのは、僕の「ゲーム好き」と同じだと思うので、「お酒好きなんだねぇ」と思うだけだ。

父はお酒を飲む人だった。だからプレゼントしたいなと思ってあれやこれや見てはいるのだけれど、自分が飲まないからどれがいいのか全くわからない。

「死ぬまでに飲んでみたい！」と父が言っていたワインを調べてみたら、なんと一本400万円だった。お酒が趣味の人には怒られると思うが、なんでこんな昔の液体が400万円もするんだ？ 僕のお酒への理解力が圧倒的に足りていないんだろうけど、僕にはよくわからない。

20歳になるときに「お酒を飲んでみよう！」と思う方もたくさんいるようだが、それもなかった。僕はそもそも「20歳になったぞ！」というテンションの上がりを体験していない。見た目がかなり幼いせいかもしれない。未だにゲームセンターで年齢確認をされてしまうし、遅い時間に買い物に行くと警察官に声をかけられる。今でも見た目は未成年だ。だから成人と自覚できなかったのが理由？ もしかして？

僕はお酒だけではなく、たばこや賭けごとなど、「20歳以上からOK」という法律があるものは全くやったことがない。未だ大人の世界を知らない。「始めたほうがお得！」というものは、少なくとも僕にとってはあんまりないような気がするので、もうこのままで生きていこうと思う。だから、僕はずっとがきんちょです。でもそれでいいや。やろうとしても、きっと年齢確認されるだろうし。

謎の自信は小さなことから生まれている

「大人になりたくないな」と思ったことはある。働きたくないとか、ずっと遊んでいたいとか、そういう理由ではない。大人が面倒な理由でもめているのがすごく嫌いなので「あんなふうになるなら子どものままがいい」と思っていた。

大人になるとは何なのか。というか、あんまり大人とか子供とかで分けなくてもいいんじゃないのか？　年上であっても自分勝手で警察のお世話になるような人を敬えないし、すごい人は小学生でもすごい。

僕は小さな頃から、思考回路が変わっていない。これから変わるような気もしない。どんな大人になりたいかと聞かれると、もうこのままでいいかなとも思う。「大人」と呼ばれる年齢になってそんなに経っていないから、経験や知識の蓄積は足りないかもしれない。けれど、考え方自体は現状で問題ないと思う。「自分は間違ったことをしない」という謎の自信がある。いつでも正しい道を選べるとか、大成功できるとか、そんなことは思わないけれど「人として間違わない」ということにかけては自信があるのだ。それができれば「大人」としては及第点はもらえるんじゃないかな、と。

人に迷惑をかけることもないし、仕事や生活で困ることもないし、人を困らせたりするわけでもないし、すごく不快感を与えることもないし。

昔から将来の夢というものがなかったのと同じで、理想像も特にない。人に迷惑をかけず、特別困ることがなければそれでいい。

自分を信じられるよう、ちゃんと生きるようにしているほうかな、と思う。時間を守るとか、すぐ返信するとか、そういう小さなことで謎の自信が培われている。ただ、それは人としての在り方の話。仕事面でほしい能力はある。マルチタスクができるようになって、もっと周りの人をサポートできるようになりたい。僕がいろいろな人にアドバイスをもらってここまで来たからこそ、いつか僕も誰かの助けになれる人になりたい。これが僕の初めての「夢」なのかもしれないな。

ホラーゲームに根拠をください

撃ち合いの血が出るゲーム、実はあんまり得意じゃない。血が苦手というより、人の形をしたものが傷つけられると、自分に置き換えて想像してしまうから嫌だ。撃たれると「痛い!」というリアクションを取ってしまう。

その点、マイクラはキャラデザインがリアルじゃないからやりやすい。スプラトゥーンもインクの撃ち合いだから平気。

ホラーゲームも苦手だ。幽霊やゾンビみたいな存在を信じているわけではない。今まで生きてきた中でそれっぽいものを見たことがないので、いないと思っている。怖い話もすごく有名なものくらいしか知らない。

でも、いきなりわけのわからないものに襲われるの、単純に怖くないですか？　ゲームの中とはいえ、「いきなり怖いものが出てきてびっくりさせられる系」はなるべくプレイしたくない。

ホラーゲームにはまず根拠がほしい。なぜ僕が幽霊に追われているの？　どうしてそこでいきなり驚かせてくるわけ？　恨みがあるとか説明されている場合もあるけれど、ないものも多い。それは理不尽だろう。こちらが振り向いたらいきなり立っている理由を教えてほしい。意味もなく驚かされ続けるのは納得がいかない。

理由がわかれば追いかけてくる幽霊のこともちょっとは許せるし、「ここらへんでまた怖がらせに来るかな？」と対策もできる。根拠が見当たらないものに関しては、もう開発者の意図やゲームの構成を考えるしかなくなってくる。「あそこで驚かしてきたってことは、ここらへんでもまたやるだろう」とか。

お化け屋敷にも入ったことがない。人間が驚かしてくるのがわかってるから入らない。誘われても断る。どうしてもと言うなら、怖い系に強い人が一緒なら考える。みんなビビリのメンバーで入っても怖いだけだから嫌だ。

僕は入りたくない。

……ホラーに対していろいろ理屈じみたことを並べたけれど、要はただの怖がり。

言い訳して強がっているだけなので、怖いのはやめてください。

僕とコナンくん

もし、一人暮らしで突然死んでしまったらどうなるんだろう。そんなことを考えることがある。出社して対面でお仕事をしている人ならすぐ周りの人が気づいてくれるだろうけど、もし僕がそうなったら一体いつ誰が気づいてくれるんだろう。もしそうなったらどうしよう。逆に誰かが一人暮らしの家でいきなり倒れたら、僕は気づけるのだろうか。「遅刻かな」「約束を忘れているのかな」と思わずに、安否確認に走れるかはわからない。

隣の家の人に対してもこの感情は湧く。いつもあいさつをしているあの人が、家で倒れていたら……。いつもカーテンは開いていないけれど、その中で事件が起こっていたら。小さい頃はパトカーや白バイの音にも敏感になっていた。

この思考はコナンくんのせいだ。『名探偵コナン』。登場人物がみんな「コナンくん！」と呼ぶので、僕もついコナンくんと呼んでしまう。

「血が出るのが苦手だ」「怖いのが苦手だ」と言ったけれど、コナンくんは大丈夫。人は死ぬけれど、雑誌では血は赤じゃなくて黒で描かれているし、理不尽に殺されるわけではない。犯人に同情できるような動機を教えてくれる。小さい子への配慮があるおかげで、僕も安心して読めるし観られる。

コナンくんのアニメも大好きだ。今もご飯を食べるときにはＵ－ＮＥＸＴでコナンくんを観ていて、もう何周目かわからない。ある声優が出てくると、それだけで犯人が絞れたり、逆に３話構成のものだと最後まで犯人の見当が全くつかなかったり。そのバランスがめちゃくちゃに好きだ。マンガもアニメも基本的に全然ストーリーが進まないけれど、たまに来る新展開はちゃんとつかんでおかないとついていけない。そこもまた楽しい。

『名探偵コナン』80巻セットをもらったのが、僕とコナンくんの出会いだ。いつの誕生日かは忘れてしまったが、中古のもので、第1巻は古い紙の匂いが強すぎて天日干ししたことを覚えている。マンガを読むのも初めて……くらいの年齢だった気がする。面白くて一気に読んだ。

去年の7月には大阪の名探偵コナンのスペシャルショップにも行った。大阪限定のアクスタをリビングに飾っている。推しキャラは安室さん。アクスタも安室さんのものだ。ビジュアルもかっこいいし、性格も好き。去年の劇場版『ハロウィンの花嫁』も安室さん大活躍で嬉しかった。コナンくんの映画はどの作品も本当に面白い。どれが一番おすすめか？　と聞かれても答えられない。大好きすぎて、毎年GWには映画館に観に行っている。今年の映画も楽しみだ。

これを読んで映画を観に行ってみようと思った人がもしいたら、1つだけ注意がある。最新のストーリーを追いかけられていない場合、ストーリーが展開する部分だけでも予習してから行ってほしい。コナンくんの映画の冒頭では、ざっくりとしたあらすじ説明があるのだが、その一瞬でめちゃくちゃネタバレをくらう。せめて新キャラだけでも把握してから行くことをおすすめします。

コナンくんの映画の中に、1つだけトラウマになっている作品がある。『11人目のストライカー』だ。この映画には犯人から爆破予告を受けるシーンがある。舞台はサッカースタジアム。コナンくんが活躍しなければ何十人、何百人と死んでもおかしくない。

そのシーンだけでも怖いのに、なんとその映画を観に行った次の日、僕はスタジアムでのサッカー観戦の予定があったのだ。

気が気じゃなかった。あのへんに爆弾が仕掛けられているかも……もし爆破されて頭の上の電光掲示板が落ちてきてしまったら……でもこの曲線の坂ならコナンくんが登ってくれそう……ひとりで勝手に大事件を想像して、試合に集中できなかった。

もし爆弾が仕掛けられていることに気づいても、僕はコナンくんが助けてくれることを祈るしかない。あれ以来、電光掲示板が苦手で、見かけると身構えてしまう。

無人島に行くなら「火打ち石と打金」

僕はテレビを持っていなくて、芸能人をあまり知らないほうだと思う。上京して一人暮らしになってから、家にテレビを置いていない。

だから芸能人のことを知るのはだいたいSNSで、ネットニュースを見たときだ。有名な方のお名前は知っているけれど、ちゃんと知る機会が少ないので、SNSで流れてくるとすぐ検索して情報を得る。最近でいうと、ドリフターズの方の悲しいニュースを見たときは、いろいろと調べて、偲んだ。もちろんドリフは世代じゃないので、毎週楽しみにしていた！　みたいなことではない。テレビやSNSでたまに流れてくる動画を観たことがあるくらい。どこでちゃんと知ったのかはわからないけど、小さな頃から全員顔と名前は一致している。だから、心配で何が起きたのか知りたくなった。

ドリフターズの一員である志村けんさんの「バカ殿様」シリーズが好きだったからかもしれない。何もわからなくても大笑いできるからよく観ていた記憶がある。けっこう下品な展開も多いので、親に禁止されがちなタイプの番組だし、うちの両親は厳しかったし、もしかしたら僕も「観ちゃダメ！」と言われていたのかもしれない。記憶が定かじゃないけれど、こっそり観ていたのかなぁ。

テレビ番組だと、無人島に行く系のバラエティも楽しんでいた覚えがある。非日常感が楽しくて、冒険的な番組が好きだった。今でも自分とかけ離れている世界を観るのが好きで、最近だとＹｏｕＴｕｂｅで虫を食べている動画を観るのが楽しい。自分では絶対に食べないので。

番組を観て楽しんではいたけれど、もし僕が無人島に行かされたとしたら、あんなに上手くはいかないだろうな～とも思う。当たり前だけど。

「無人島に何か1つ持っていくとしたら？」というよくある質問には、火を付ける道具と答える。無人島と聞くとついマイクラの道具で考えてしまうので、「火打ち石と打金」がいいなと思っている。これはセットで1つのアイテムなので、ズルではない。

火は広い場所で大きく起こす。誰かに見つけてもらって早く帰りたい。救助してほしい。その火を使って島でサバイバルをする、なんて気概は僕にはない。ひょろひょろな僕が、無人島で生き抜くなんてとうてい無理。助けが来なかったら、潔く死にます。

グランプリの虫だけが侵入してくる

幼少期は甲殻類だろうが虫だろうが楽しく触っていたのだが、いつの間にか完全に無理になった。記憶の中の幼い僕は普通に触っているが、なんでそんなことができたのか本気でわからない。特に虫。

虫の何が苦手って、あの動きだ。思考があるようなないような、わけのわからない動き。予測ができなすぎて恐ろしい。人間や犬や猫なら「跳んできそうだな」とかわかる予備動作があるのに、虫は常にいきなり。もはや無害そうな虫代表のトンボすら無理になってしまった。というかトンボは怖い。飛んでるときのルートが不規則すぎる。虫って運動量が多すぎない？

虫といえば思い出す、地獄の体育館の話をする。中学の頃、卓球をしていた体育館がめちゃくちゃとんでもなく汚く、そして虫の住処だった。普通の虫ならまだいい。出現するのは、誰もが苦手なあの虫だ。苦手な人は今すぐ次のページに移動してほしい。

………そう、ゴキブリだ。

毎日どこかから叫び声が聞こえるせいで、「またアイツが出たのか」程度のリアクションになってしまうほど日常的に出現。1日1匹とかいうレベルではなかった。お調子者の部員がバケツに入れたゴキブリを顧問に渡そうとしたり、いたずらにまで使われていた。思い出すだけで体調を崩しそうだ。当時は部活に一生懸命だったから耐えられたけど、今あの体育館でスポーツをしろと言われたら、集中できる気がしない。

今、僕の家は高層階。この高さなら虫が入ってこないだろうと安心していたら、大間違いだった。確かにたくさんは見ない。窓を開けたら小さい虫が入ってくる、なんてことはない。その代わり「高層階に入って来られる強靭な虫」のみがやってくるのだ。高層階までの空中で最悪の虫オーディションが開催されている。大きめの蛾なんかがよく勝ち抜いてビッタリ壁に止まっていたりする。

グランプリの強靭な虫がいつ侵入してくるか、ドキドキしながら暮らしている。

手のかゆみくらいではねこちゃんを諦められない

ねこちゃんが大好きなんだけど、ねこアレルギーなんですよね。

ネコおじさんというドズル社スタッフさんが、その名の通りねこちゃんを飼っていて、YouTubeにもUPしているのだが、そのねこちゃんがとにかくもうかわいい。おうちにお邪魔したときにあまりにもかわいくて……。耐えきれずなでてしまって、手がまっかっかになりかゆくなってしまった。酷いアレルギーではなく、頑張ればかわいがれる程度の体質なのも逆に苦しい。

引っ越すときも、飼ってもいないのにペット可物件を選ぶかどうか迷ったくらいだ。アレルギーでも慣れてマシになることもあると聞くし、重症なわけでもないし、いつか飼えないかなあ。手のかゆみくらいではねこちゃんのかわいさを諦められない。どうにかならないものだろうか。

動物を飼ったことは一度もない。母方の祖父母の家にはでっかいわんちゃんが3匹いた。あの子たちが最も身近にいた動物だ。すごくかわいかった。アレルギーも出ないし、大きいわんちゃんは優しいし、大好きだった。ねこちゃんが一番好きだけど、わんちゃんも好き。

基本的に動物はみんなかわいい。虫以外は全部大好きだ。……いや、ヘビとかトカゲとかは「かわいい!」とは思わないかもしれない。実況者は爬虫類を好きな人が多いのか、たまにタイムラインに流れてくるけれど、生き物よりも「部屋がきれい!」「写真を撮るのが上手!」と背景に注目してしまう。

やっぱり毛が生えている動物が好きなのかも。めずらしい動物でも、カピバラとかはかわいいもんな。でもやっぱり飼いたいのはねこちゃん。ねこちゃんは家にいてもびっくりしない。不規則な動きをしない。頑張れば意思疎通ができそう。うん、いいところばかりだ。

ねこちゃんといつか一緒に暮らせるようになるといいな。いつになるかな。

小さな体調不良を繰り返す健康体

病院に行くほどのことはあまりないけれど、小さな体調不良はちょくちょくある。季節の変わり目に頭が痛くなったり、ちょっとごろごろしたくなったり。僕はどうやら寒暖差に弱いようだ。だけど、大きい病気や怪我はなくここまできた。

手術は中一の頃に受けた親知らずの抜歯のみ。手術と聞いて少し身構えて向かったけれど、場所は歯医者さんみたいなところだった。テレビで観る手術室みたいなところを想像していたので拍子抜け。あんまり麻酔も効いてなかった気がするし、血がたくさん出ているのも見ちゃったたし、手術感のなさが逆に怖さを加速させてたような気もする。

ただ、けっこう悪いところから生えていたみたいで、2日間入院することになった。入院中は顔が誇張なしに2倍くらいに腫れ上がっていて、水を口に含むとダラダラこぼれて、「親知らず抜歯あるある」的なものは全て体験した。

先日、久しぶりに「これはやばい」という体調になった。撮影中にお腹が痛くなったのだ。わりとお腹は弱いほうなのだが、「これはいつものやつじゃない」とはっきりわかるほどの痛み。撮影中は耐えきったけれど、どんどん痛みが増し、「これは埒が明かん！」と先に上がらせてもらって、病院に行ったら急性胃腸炎。それからしばらくはデスクとトイレをひたすら往復する日々を送った。

1年くらい前には急に右耳が聞こえなくなったこともある。片耳が聞こえなくなる、というのは想像よりもかなりヤバい。平衡感覚がなくなり、上手く歩けなくなる。壁をつたうようにして病院に行った。

これは一体何なんだ？　もしかして、大変な病気なのか？　と思っていたけれど、先生はあっさり「イヤホンのしすぎですね」と言った。ゲーム実況の際に右耳だけイヤホンをすることが多くて、そのせいだった。わかりやすい理由があって安心。

ただのイヤホンのしすぎで片耳が聞こえなくなるだけで、こんなにも世界が変わるんだ……と健康への意識が少し改まった気がする。

そのときからヘッドホンに切り替えて、今では何事もなく過ごしている。髪の毛がぺっちゃんこになっちゃうけれど、耳が大事なので諦めます。

3

そうして、僕は飛べないでいる

CHAPTER

まだ飛行機に乗ったことがない

実家が田舎で不便だったこともあり、未だに移動が好きではない。東京は、1駅に5本の路線が通っているような駅もある。なんで？　線ありすぎやろ。

とはいえ移動でミスをすることもなく、難しいと思っているわけでもないので、単に「移動している」という状態が苦手なのかもしれない。

電車に乗っているときはずっとドアに寄りかかっている。座っていてお年寄りが乗ってきたら絶対に席を譲る派なので、いちいち立つのも「どうぞ」を言うのも面倒だなと思い、立っていることにした。

なぜか頻繁にお年寄りに話しかけられてしまうのも、苦手ポイントの一つだ。そこそこ混んでいる電車で「どこから来たの？」なんて話しかけられると、少し困ってしまう。嫌な気持ちにはならないけれど、電車の中は話しづらいし、いつ切り上げればいいのか悩んでしまうし、難しい。銭湯でもお年寄りによく話しかけられるけど、それは大丈夫。楽しく話せる。

ちなみに、新幹線は高校を卒業してから初めて乗った。飛行機は一度もない。飛行機が必要な目的地ができたことがない。機会があれば乗るとは思うが、それがいつやってくるかは不明だ。そろそろ一度乗ってみたい！　という熱意があるわけでもない。

でも、旅行したいという気持ちはある。ただ、「どこに行きたいのか？」と聞かれると、全くわかりません。目星はついておらず、「新しい場所に行ってみたいなあ」と思っている程度。そんな事を言いながら、いざ時間ができたら知ってる場所に行ってしまう気がする。東京に住んでいるせいか、逆に全然栄えていないところに行きたいな……とは思う。山とか？

誰かを誘うのも難しい。「みんな忙しいかな？」と心配で声をかけられない。さらに「来月のこの期間に予定を空けるぞ！」と先のスケジュールを調整するのが苦手。なので、突発的にひとりで旅に出るのが向いている。

知らない人によく話しかけられる

さっきも少し触れたが、電車の中でも、銭湯でも、知らないおじいちゃんによく話しかけられる。暇でおしゃべりをしたいおじいちゃんにターゲットにされがちで、それ自体は別に嫌ではない。

ただ、実況を始めてから、知らない人に声をかけられると少しドキッとするようになった。「もしかして視聴者さんにバレた!?」と思ってしまうからだ。だから、ぱっと顔を向けた先におじいちゃんがいると少し安心する。おそらく、おじいちゃんは僕の視聴者さんではない。

特に高齢者の方に話しかけられやすいのは、地元のおじいちゃんやおばあちゃんに可愛がられて育ったというのもあるかもしれない。田舎なので、ご近所に住んでいる方はみんな知り合い。近所にはめちゃくちゃ野菜をくれるおじいちゃんがいた。

両親の実家に行くと、そこのご近所の方も僕のことを知っていて「お帰り～」「大きくなったねえ」とみかんをくれたり。名前は知らないけれど顔は知っていて、僕に良くしてくれるご年配の方がたくさんいた。

高齢者に限らず、いろいろな人から道をよく聞かれる。地元にいたときからそうだ。海外の方がスマホを見せながら身振り手振りと英語で聞いてくることも割とある。英語はあまり得意じゃないけれど、「あのへんだよ」と頑張って説明する。上手く伝える自信がないときは、一緒に目的地までついていくこともある。こんな性格だから道を聞かれやすいのかな。

路上セールスや詐欺のような人にまで声をかけられるのはちょっと面倒だ。さすがにそういうものはささっと避けるようにしているが、もやもやした気持ちにもなる。できれば勧誘とか犯罪とかはやめてほしい。

知らない人から話しかけられやすいのは、見た目のせいだと思う。童顔でひょろひょろ、背も高くないので、見た目に圧が全くない。いいものも悪いものも引き寄せてしまうので、もう少しくらい圧があったら楽なのかもしれない。

伏見稲荷大社の鳥居をひとりで230本まで数えた

去年の夏、ふらっと大阪へ行った。ちょうど僕の所属するドズル社のポップアップストアをやっていて、たまたま1日空いたので「よし、行くか！」と、突発的に。僕は、フットワークが軽いときは結構軽い。

せっかく関西に行くのだからと、そっち方面で行きたいところを探した。結局、「ひとりで迷子になったら嫌だな」と思い、行ったことのある場所を選んだ。やっぱりそうなってしまった。

京都の伏見稲荷大社。マイクラで鳥居を並べた建築をしたこともあり、有名な千本鳥居を見に行ってみようかなと軽い気持ちで行き先を決めた。

伏見稲荷大社は、あの有名な鳥居スポット以外でも、大小様々な鳥居が無造作に建っている。230本くらいまでは数えた記憶があるが、その数も当てにならないくらいあった。途中で陽気なファッションの人とすれ違ったり、奉納した人の名前を見ながら「おんりーって入れられるのかな?」と考えたり、蜘蛛の巣にひっかかったり、通りすがりのねこちゃんを愛でたり、他のことに気を取られまくったので、見逃したものもけっこうありそうだ。そもそも、適当に行って帰ってきたのでちゃんとゴールまで行ったのかすら不明。

もりもり山を登ったせいで、次の日は筋肉痛で1日ホテルで寝ていた。ポップアップストアは遠くから見たけど、人が全くいないタイミング。誰かいたとしても、ポップアップストアで声を出すとさすがにおんりーだとバレちゃいそうなのでちょうどよかったんだけど、少し残念だった。とりあえずエゴサして、特に何もせず帰った。

トータル、すごく楽しい旅だった。家にいると何かしらやってしまうので、遠出して「絶対にPCを触れない環境に身を置く」というのは結構良い気がした。強制的に触れない環境にしないと離れられない。ぱっと画面から離れて、デトックスをするのもいいなぁと実感した1日だった。

次にどこかに行くとしても、また神社を選ぶような気がする。だって神社は落ち着く。大好き。しかも涼しいし。

ただ、完全に仕事のことを忘れるかというと、そうでもない。神社の建築物を見ると「マイクラのあのブロックで作れそうだな……」とか考えてしまう。これはきっと職業病。面白い建物を見るとつい作り方を考えてしまうのだ。地元にいるとき、マイクラをやっている友達と神社に行ったときも、そういう話をしたのを覚えている。

神社によく行くので、御朱印帳も持っている。神社それぞれにある「御朱印」という印章を集める小さなノートみたいなものだ。最初に行った神社でなんとなく御朱印をもらい、そのときに購入した。その日家に帰って「この印章ってどの神社でもあるのかな?」とあれこれ調べてみたら、最初のページは伊勢神宮でもらうのが良いという記事を発見し、「手遅れだ!」と軽くショックを受けた。こういうの、ちゃんとやりたい派なのに。

仕方がないので諦めてそのまま一応集めている。といってもまだ1冊目でまだ8枚くらい。時間が空いたときに近くの神社を調べて、気になる場所があればふらりと行って、お参りをして、御朱印をもらう。意外と「今日の分は終わりました」とか「書き手がいないので今はお渡しできません」と言われることもある。そういうときは潔く諦めて帰る。集めている割にモチベは低い。印を集めて冊子に貼ったり挟んだりするだけなので、「意味あるのかなこれ?」と思うときもあるくらい。始めてしまったのでとりあえず続けているのかもしれない。

明治神宮にも改めてもらいに行った。まず「明治神宮って本当に存在するんだ」ということに驚いた。原宿という都会の駅を降りたらすぐ隣りにあるし、周りにはビルが建ち並んでいるし。本当にこんなところにあるんだ!?と衝撃を受けた。明治神宮は都会にあるとは聞いていたが、想像以上。地価が高そうなところにあるのに敷地は広いし、建物も魅力的だし、不思議な空間だった。

僕が神社を好きになるきっかけになった地元の神社。そこはちっちゃなちっちゃな神社だった。そういう落ち着く神社も好きだ。これからも空いた時間は神社をめぐって、東京でもお気に入りの場所を見つけたい。

おんりー

クレーンゲームのために往復3時間

クレーンゲームが好きだ。コツがわかる動画を観たりするくらい好きだ。大人になった今は、同じものを2つ取るのが楽しい。小さい頃からの夢だったのだ。といっても本格的にハマったのは上京してから。ど田舎な家の近くにクレーンゲームはあまりなくて、高校の最寄り駅にあって、たまに遊ぶ程度だった。大阪や京都に行ったときも「クレーンゲームあるやん！」ってゲーセンに入ったし、おらふくんと遊びに行ったときもやった。

クレーンゲームの難易度は店によって違う。設定が良心的なゲームセンターがあって、そういうところだと取りやすい。

去年の秋、クレーンゲームの良心的さで有名なゲームセンターに行った。話題になるほどって、どういうことなんだろう？　と興味が湧いて、試しに。今思えばあれも小さめの旅行だ。このときも、時間が空いているときにふと思いついて出発した。行ったことがない場所ではあったけど、華やかな観光地ではなく、ゲームセンター以外に何もないような場所だったので、気後れはしなかった。帰りにどこかに寄り道できる場所を探したけれど、全く見つからなかったくらいの何もなさ。

電車を乗り継ぎ、タクシーに乗らないと到着できない辺鄙な場所まで、1時間半くらいかけて、クレーンゲームの旅。

着いてみたら、都心にある店とは何もかもが違う。お店のつくりも、置いてある商品も、接客も。特に違うのは物量。カップ麺段ボール1箱！　とか、お菓子1ケース！　とか、多すぎる。確かに取りやすくて楽しかったけど、持ち帰るにはちょっと多かった。電車とタクシーを乗り継いでいたので、大量に取ってしまうと逆に困る。結局ポイフル1箱と食料品をいくつか取って帰った。

わざわざ往復3時間かけて、ポイフル1箱とちょっと。でもいい。クレーンゲームの魅力は商品自体じゃなくて、取っているときの「行けそう！」感だから。

修学旅行で食べた2000円のハンバーガー

中3の夏田んぼを飛び出して、ディズニーランドに行った。修学旅行だ。その日はやけに空いていて、男5人で「あれ乗ろう!」「あっちも!」と走り回ったことを覚えている。なんだか恥ずかしくて耳カチューシャはつけなかった。あんなに浮かれていたのに。あれが僕の最初で最後のディズニーだ。

行き先は東京。ディズニーランドの日と、都内の自由行動の日があった。すごく心に残っているのは、ランチで食べたハンバーガー。ファストフードじゃなくて、ボリューム感がすごい本格的なやつ。ドリンクのオーダーも必要な店で会計はひとり2000円くらい。修学旅行生の2000円は、大人の2万円レベルだ。田舎の中学生にとって、とんでもなく豪華なランチ。内装もおしゃれで、「これが東京のハンバーガーか」と味にも値段にも雰囲気にも圧倒された。

そこで1つすごいことが起きた。人気店だったらしく、開店前から僕ら以外にもちらほら並んでいて、その中にいたサラリーマンが「修学旅行？　どこから来たの？」と声をかけてくれた。そのサラリーマンも出張で東京に来ていたらしい。質問に答えると「僕もそこから来たんだよ！」と言われてびっくり。「○○中学です」と言うと、「同僚のお子さんもそこの中学なんだよ！　△△さんって知ってる？」と聞かれた。別の班の男子だった。

あんなど田舎から何時間もかけてやってきて、都会のど真ん中で地元の人に会う。しかも同級生の親の知り合い。初めて田舎から出てきて、世界は狭いんだか広いんだかわからない体験をしてしまった。その後何かあったわけではないが、あれはかなり運命的な出会いだったなぁ。

あのハンバーガー店にもう一度行きたい。美化されて現実よりもおいしい記憶になっているかもしれないけど、あの味をもう一度確かめに行きたい。ＮＨＫが近かった気がする。渋谷とか原宿とかそこらへんなのだろうか。どこだ！　思い出したい！　心当たりがある方がいたら教えてください。

クリスマスにはひとりでもチキンを食べる

年中行事はそこそこ雰囲気を味わうほうかもしれない。みんなでパーティー！とかはないけれど、それっぽいことはする。

例えば初詣は毎年欠かさず行っている。ひとりのときは行って帰るだけだけど、家族と行くと促されるままおみくじを引く程度のことはする。幼い頃は母方の祖父母の家に行き、近くの神社で除夜の鐘を鳴らしていた。家が近すぎて除夜の鐘の音で眠れないため、どうせなら、というテンションで鳴らしに行っていた。

去年の大晦日も実家に帰省して年越し。せっかくの休みだから早起きして初日の出を見た。これは田舎のいいところなのだが、実家の窓からきれいな初日の出が見える。田んぼからにょきっと生えてくるみたいに日が顔を出し、めちゃくちゃ明るい。わざわざ外に見に行かなくても、きれいな初日の出を体験することができた。
誕生日は、自分にケーキを買ったりもする。去年の誕生日は朝起きてすぐにケーキを買いに行った。気になっていた近所のケーキ屋さんに、起きてすぐ行った。普通のショートケーキを買い、家に帰って普通に食べた。

クリスマス。ツリーを飾り、チキンを食べる日。さらに、必ず母親が「彼女できた？」と聞いてくる日だ。どちらかといえば母の一言のほうがクリスマスの思い出として強い。いつもはそんなことを全く聞いてこない母が、唯一恋愛について話してくる日、それがクリスマス。おそらく他の思春期男子と同様に、僕も「いねぇよ！」と答えていた。最近はクリスマスを実家で過ごすことがないせいで、母の「彼女できた？」を聞かない。なぜクリスマス以外では聞いてこないのだろうか。

おんりー家では中学生になるまでにはサンタさんからのプレゼント制度は終了していたけれど（いい子にしてたのになんでだろう）、毎年しっかり行事としては楽しんでいた。「ツリーを飾って彼女の有無を聞かれチキンを食べる行事」として。
その名残で一人暮らしの今でもクリスマスはチキンを食べる。お持ち帰りだけど、毎年ちゃんと予約している。
ケーキにチキン。僕は年中行事と食べ物がしっかりつながっているタイプなのかもしれない。ツリーは一人暮らしじゃ出さないもんな。食べるだけでなんとなく行事気分が味わえるのは嬉しい。

行事といえば小学生のとき通っていた英会話教室で、ハロウィンもやったことがある。今となってはハロウィンは関連する動画を撮るくらいなので、実際にそれらしいことをやったのはあれが最後かもしれない。

かなり昔のことだが、割とはっきり覚えている。海外から来ていた20代前半の先生が、全裸にトイレットペーパーを巻いており、全く恥ずかしがることもなくすごく陽気に授業していた。その横で補助の40代の先生がニコニコ笑顔を崩さず、全裸ペーパーに突っ込むこともせず、授業を進めている。その先生を含めて異様だった。これは、ハロウィンのシーズンになると毎年誰かに話してしまうエピソード。
あの光景は鮮烈すぎる。

ぼんやりとした結婚願望

結婚願望はある。好きな人がほしいとか、恋人を探しているとかでは全くないが、ぼやんと将来のことを考えたときに、なんとなくそこにまだ見ぬ家族がいる。

うちの両親はめちゃくちゃ仲良しで、ケンカしているところを見たことがない。実家の居心地の良さは、僕の結婚のイメージにかなり影響していると思う。もしかしたら僕に見せないようにケンカしていたのかもしれないけれど、気づいたことは一度もなかった。

揉めることはなかったけれど、父があまり喋らないせいで母が困っている様子を見たことはある。なので、僕は結婚したらしっかり喋ってコミュニケーションを取るようにしたいなぁ、と思っている。「いつか家を買うだろう」という感覚がずっとあるのも、多分僕の家庭像の一部なんだと思う。

結婚生活の想像がだいぶ進んでいるように見えるかもしれないが、肝心の相手については何一つ考えていない。「こんな人がいいな」なんて想像したことすらない。仕事上、異性に会う機会が本当に全くない上に、出会えたとしても恋愛という単語は浮かばない。完全に「相手」の部分がすっぽり抜け落ちている。想像しているのは家族と一緒にいる自分のことと、住まいなどの外側のイメージだけだ。

さらに言うと「いつまでに結婚したい！」みたいな将来設計もない。本当にぼんやりとしている。

地元の友達もまだ誰も結婚していないし、ドズル社の既婚者もドズルさんだけだし、ぼんじゅうるさんは40代で独身だし、言ってしまえばまだ子どもの僕には現実味が全くない。僕の結婚願望は「安心する時間を過ごせる場所があるといいなあ」くらいのものだ。

具体的に目指して動くことはないし、あってもまだまだ先だと思う。でも、いつか遠い未来の僕が、一緒にいて安らげる誰かと、幸せにしてるといいなあ。

道端にゴミを捨てるのは本当にやめてくれ

実況者はみんなネット回線にイライラするタイミングがある。いきなりもっさりすると、どんなに温厚な人でもおそらくイラッとするはずだ。ネット環境で家を選んだのに、インターネットはたまに遅くなる。

人に対して何かイラッとすることはあまりない。平均よりは怒らないほうだと思う。人には人の事情があるし、それは僕の考え方とは関係ない。

でも、学生時代は多少あった。友達と喧嘩……というか注意したこともある。はっきりと覚えているのは、友達がゴミを道端に捨てたとき。一緒に歩いている人にそんなことをされるのは普通に無理で注意した。

僕はどうしてもマナー違反や周りの人に迷惑をかけることが苦手で、その友達の振る舞いを無視することができなかった。価値観の違いみたいなものは「人それぞれ」と思えるが、明らかにダメなことはスルーできない。

逆に、気持ちのぶつかり合いみたいなケンカはしたことがない。ケンカしてわかり合わなければいけない人とは、最初から友達にならないからだ。僕の「すんなり仲良くなれるだろうセンサー」はかなり感度がいい。

たまに「人に興味がないんじゃ?」とも言われるが、そういうわけではない。初対面の人と話すのは好きだし、話してくれる内容にもかなり興味がある。でも、関わりのない人に関しては何をしても特に感想を抱くこともない。他人の経歴や生活の仕方は、僕が気にすることではない。

日常生活で少し関わるくらいの相手になると、苦手なタイプの人はいる。このあいだ、一切喋らずに指示しようとする店員さんに出会って、嫌な気持ちになってしまった。ずっと手元を指差してきて、混乱した。多分、「ポイントカードありますか?」という意味だったんだと思う。言葉にしてほしかったなあ。

自分と関わる人にマナー違反や失礼なことをされなければ、ずっとプラスの感情でいられる。みんなが気持ちよく過ごせるように、お互い思いやっていきたいなあ。

嫌な人にはちゃんと嫌そうな顔を見せていく

人からどう思われているか悩むことはない。人間関係がどうでもいいわけではないし、ひとりが好きとかでもないけれど、悩まない。おそらく、今までに人間関係をこじらせたことは全くない。最初の友達選びが上手く行っているからだと思う。自分に良くしてくれそうな人と、お互い良くし合って生きている。

多分僕は、人間関係の嗅覚が鋭い。そして逃げ足も速い。第一印象で無理だと嗅ぎ取るとすぐ逃げる。関係がこじれるような人とは最初から関わらないのだ。これは両親の性格を受け継いでいるところで、母も苦手な人とは関わらないようにしていた。

まず僕が避けているのは、冗談がきつい人。特に、仲が良い相手へのいじりがきつい人だ。当人同士が楽しんでいたとしても、交じらない。僕は仲が良い人を強くいじりたいとは全く思わないので、タイプが違いすぎる。

言葉遣いが荒すぎる人も苦手だ。「死ね」「殺す」みたいな言葉は、できれば使ってほしくない。僕がＦＰＳにハマれなかったのは、そういう言葉が苦手なのも理由の一つかも。ああいうゲームは、ついつい言葉が荒くなってしまう人も多いし、仕方ない部分もあるとは思う。でもそれを聞くのが、どうしても僕は苦手なので……。

逃げる方法は、かなり簡単でストレート。苦手そうな人と関わりそうになったら、すっごく嫌そうな顔を見せる。さっぱりしすぎた対応をして、無理やり距離を置く。今後関わらない相手だと思えば、少しの勇気があればできる。踏み込んでから離れるほうが大変だし、相手もショックだと思うので初手で遠ざかっておくのが良いと僕は思う。

なんでもすぐに嫌な顔をするのはもちろん良くない。でも本当に自分と合わなそうな相手と出会ったとき、心の底から嫌なとき、面倒事を避けたいときに嫌そうな顔ができると便利だ。あからさまに嫌ですという態度で話していれば、その後は自然と関わりがなくなってくる。嫌な人には嫌な顔ができれば、人間関係は楽。そんな相手に出会うことなんて、めったにないけど。

本当は細縁の丸メガネ

視力矯正が必要になった中ーから今まで、ずっとメガネで過ごしている。

おんりーのキャラデザインをしてもらうときには、「メガネをかけている」という情報だけを伝えた。イラストでかけているのは、実際に愛用しているメガネとは違うデザインのもの。現実の僕は縁の細い丸メガネを愛用している。

イラストのような太い縁のメガネをかけていた時期もあるけれど、視界が大幅に狭まるのが嫌で、買い替えのときに極限まで細い縁のものを選んだ。今つけているのは視界も広くていい感じ。お気に入り。


その丸メガネをずっと愛用している。というか、壊れないので買い替える機会がない。家でゲームをしているだけの日々なので、メガネが壊れるタイミングがないのだ。まぁ、1回だけゲーミングチェアで踏んでバキバキにしてしまったけど。

コンタクトにしたいと思うこともない。つけると目が腫れてしまうので、そもそもつけられない。このままメガネで生きていくのだろうと思う。うちのグループはなぜか5人中2人がサングラスなので、僕はメガネでずっとやっていく。

ちなみにおんりーのイラストがバナナを持っているのは、デザインしてもらったときにやっていたFortniteのスキンがバナナだったせい。メガネ以外にも何か特徴がほしいということで追加した要素だ。今の僕の動画には登場しないバナナ。

このキャラデザインをもとに、視聴者の方たちがファンアートをたくさん描いてくれる。僕のために時間を割いて絵を描いてくれるというのがありがたすぎて、初期の頃から今までずっといいねを押し続けている。

実は僕の公式イラストはどれも笑っていない。僕のことをよく知らない人がイラストを見たときに、冷静なキャラが伝わるように、わざとそうしている。

でも、ファンの方たちが描いてくれる僕は笑っている。それを見るのがすごく幸せ。

これからも僕をファンアートの中でいっぱい笑わせてもらえると嬉しい。

僕は、そのイラストにいいねをつけ続けていきたいな。

占いは信じないがゲッターズ飯田さんは信じる

　おみくじは引くけれど、占いは全く信じていない。勧められるから引くだけ。自分の運勢を占いたいという気持ちはなく、人がやっているところを見るのを楽しむものだと思っている。「こんなに大吉出るの？」「おお！　大凶出てる」とか、人の結果が楽しい。

　朝の情報番組の占いも、小さい頃から全く信じず生きてきた。ラッキーアイテムとか「どこから持ってきたの？」と思ってしまう。分厚い占い本みたいなものは「それだけ書いてあれば、そりゃどれか当たるでしょ」と冷めた目で見ている。

血液型占いも全然信用していない。まず僕は自分の血液型が曖昧。生まれた瞬間の血液型を知ってはいるけれど、あれって変わることもあるんでしょ？　ありがたいことに、血液型が必要になる大きい怪我や病気をしたことがないので、今でも変わってないのかは不明だ。だから当たっているか当たってないかすらわからないというのが本当のところ。

さらに、僕はすぐ「A型でしょ？」と言われる。昔から、ちょっと仲良くなるとすぐ「A型でしょ」。コメントで「A型ですよね！」と言われたこともある。几帳面とかキレイ好きとかの特徴からだと思うんだけど、僕の両親からは、A型だけは絶対に生まれないんだよなぁ。僕は、多分B型です。多分。

この「占いなんか信じないぞ」という気持ちが一度だけ覆ったことがある。占い師のゲッターズ飯田さんにお会いしたときだ。ゲッターズさんは第一声から当ててきた。その後も名前と生年月日だけでズバズバ当ててきた。「おとなしい」とか「家からあまり出ない」とか、もしかしたら一瞬でわかるほどインドアな見た目だったのかもしれないけれど、それでも衝撃だった。「誰かに交渉するような仕事より、人を楽しませるほうが好きでしょう」とか。

そのゲッターズ飯田さんに「メガネはずっとかけていたほうがいい」と言われた。理由は教えてもらわなかったけど、なんか嬉しかったな。

お風呂ではめちゃくちゃ歌う

歌うことが好き。

大会でソロパートを任されたこともあるので、自信もある。パートはテノール。バスほど低い音は出せなかった。声変わりは小6のとき、周りの誰よりも先に来たけれど中途半端に終わってしまった。

「その声で合唱しないなんてもったいないよ！」と先生からのスカウトがあり、学校選抜の合唱に没頭することになった。

合唱にはスポーツとはまた違った面白さがある。卓球は個人競技なところが好きだが、合唱は一体感がいい。本気の合唱は、みんなの声と自分の声が合わさり、自分の声が聞こえなくなる。それくらい全員が盛り上がる、あの空間が好き。

けれどもう、歌う機会はお風呂の中くらいだ。カラオケには行かない派なので、ひとりでお風呂で歌っている。最近はMrs. GREEN APPLEさんやTani Yuukiさんの曲をよく歌っている気がする。あとはYouTubeでよく流れてくる曲や、『THE FIRST TAKE』で取り上げられていてかっこよかった曲とか。いつも作業しながら聴いているので、歌うために改めて聴くと、歌詞を勘違いしていたり、「あ、ここのメロディー全然サビじゃなかったのか！」「この曲のタイトルがこれなのか！」と勘違いに気づくことも多い。

こんな感じで歌うことは大好き。でも、『歌ってみた』をばんばん上げるのはなんとなく気が引ける。歌だけやっているかっこいい人がいる中で、僕がUPするのはなんか申し訳ないような……。かじっていたからこそ、そう感じるのかもしれない。誰かの記念の歌ってみたにゲスト参加したりとか、何かの節目とか、機会があるときに、イベント的に歌うくらいにしたいなぁと思っている。

ちなみに僕は話し声と歌声が結構違う。周りの人から「違わない？」とよく言われる。何かの節目に本気で歌ってみるかもしれないので、そのときはぜひ聴いて、喋り声と比べてみてください。

4

僕に定時はありません

CHAPTER

ドズルさんはさすが社長、ぼんじゅうるさんは優しいおじさん

社長。傍から見ていてもそうだと思うが、ドズルさんはとっても社長です。考え方が違うな、と日々思う。僕たちドズル社メンバーだけでなく、営業、編集、企画全てのことを把握しているし、利益云々だけではなく、常人ではたどり着けない先まで目を向けている。出張や勉強会への参加の話もよく聞く。飛び回って情報収集し、常に学んでいるという印象だ。医学生からＹｏｕＴｕｂｅｒへという異色な歴史もあり、人生経験がとても豊富なところも尊敬している。なのに、堅苦しい感じが全くないのがすごい。

ふたりでご飯に行かせていただくこともあって、ドズルさんは僕が今まで食べた

ことのない豪華なものを食べさせてくれる。一度、1貫ずつ握ってくれる銀座のお寿司屋さんに連れて行ってもらった。圧倒されるほど高級な雰囲気で、カウンターに3つしか席がなく、店員さんがずっと僕らを見ていて、トイレに行くときは椅子を引いてくれる。不慣れな僕は入店から緊張モード。最初のメニューはなんとネタなしシャリ。お米単体だ。お米の産地などを説明してくれて、「高級なお寿司屋さんはまずシャリのおいしさも教えてくれるんだ!」と驚き、しかし緊張でぶるぶる震えており、話が全く入ってこなかった。そんな中ドズルさんは「その産地、地元ですか～」なんて軽快にトークしていて、シャリ単体の高級お寿司屋さんに行き慣れているんだ、東京の社長ってこういうことなんだ! と人生経験がない僕は感動した。

帰り道、ドズルさんが「シャリが最初に出てくるなんてびっくりしたわ!」と言い出した。え!? 慣れてるんじゃないの!? 知らない世界の常識かと思っていたが、そんなことはなかったらしい。さらに「今まで食べた寿司の中で一番高い」「いいネタができた、寿司だけに」と笑っていた。ドズルさんの大きさを改めて実感した食事だった。

そんなドズルさんが一番かっこ良かったのは、僕をドズル社に誘うときの口説き文句だ。「絶対に失敗することはない」。そう僕に断言した。ＹｏｕＴｕｂｅという難しい世界でそう言えるドズルさんは、本当にかっこいい。

「プロの奢られ方教えてやるぜ！」

ぼんじゅうるさんのキャラクターがわかりやすい思い出はこれだ。ドズルさんとぼんじゅうるさんと3人でご飯を食べに行ったときに言われた言葉。「お財布は持っていかない」「とにかくおいしそうに食べる」「お礼はでかい声で言う」がプロの奢られ方だそうだ。本当においしそうに食べ、大きな声を出していた。動画通りのめちゃくちゃ面白くていい人だな、というのが伝わるエピソードだと思う。

ぼんじゅうるさんは優しいおじさん。グループ最年長の43歳だ。昭和のノリで若い組にはわからないネタもちょこちょこ言うけれど、それが面白い。考え方にジェネレーションギャップを感じることはなくて、思い出話やエピソードの例が古めなだけ、という感じ。逆に僕ら世代のネタが通じないこともあって、お互い「わからない！」と盛り上がれる。接しやすすぎる先輩だ。

プロ視聴者時代から関わりがあるが、実はぼんじゅうるさんも元視聴者。ドズルさんが『クラッシュ・ロワイヤル』というゲームを配信している時代に、数合わせで呼ばれたのが始まりらしい。始まりが似ていることもあり、いろいろなことを教えてくれるし、優しい。大好きです。

元役者なぼんじゅうるさん。発声がすごいな……とは感じていたが、最近実写で撮影している姿を見て、その力をはっきりと知った。体の動かし方、カメラに目を移すタイミング、表情の作り方。実写のプロってこんなにいろいろな部分に気を配っているんだなと感動した。僕は動画もテレビも声だけの出演なので、声は驚いていても顔は真顔、なんてこともよくあるし、それでＯＫなので。

そしてぼんじゅうるさんは最年長にして、あちこち飛び回り、新しいことを始めまくる。最近なんてキャンプを全然知らないのにキャンプロケを始めていた。僕が43歳になったとき、ぼんじゅうるさんみたいに動き回れるのだろうか。そうでありたいな、と思いながら先を行くぼんじゅうるさんを見ている。

おらふくんはなかよしの友達、おおはらMENはサウナ魔

おらふくんは、学生時代にクラスメイトとして出会っていてもめちゃくちゃ仲良くなれただろうな、と感じる。大人数の中にいても、見つけて仲良くなってしまうような存在。なんだか波長が合うなと、実際に会ってみて感じた。自分で言うのもなんだけど、ちょっと心を開いてくれてるのかな、なんて思っている。

といってもおらふくんとふたりきりで遊んだことは2回しかない。僕は関東、おらふくんは関西で、約束できる機会があまりない。対面ミーティングはちょくちょくあるけど、その後はみんなでご飯に行って解散パターンが多い。

それでもここまで仲良くなれたのは、やっぱり気が合うということだろう。

前に一緒に遊んだときは、ふたりでうなぎ屋さんで語り合った。適当なお店に入

るためにうろうろしたのに全くご飯屋さんが見つからず、やっと見つけたうなぎ屋さん。Googleマップで調べたら、周りに40軒以上の飲食店が表示されていたのに、なぜ。そのときも結局ずっとYouTubeの話をしていた。

すごく気が合うけど、おらふくんがYouTube以外何をしているのかは全然知らない。でも僕だって「何してる？」と聞かれても、ゴロゴロしてる、くらいしか答えることがないし、多分それはおらふくんも一緒なんじゃないかな？

視聴者さんから「仲良しですね」とコメントをもらうこともある。ふたりでかなり難しいホラーゲームをやったときに、「ここまで長時間一緒にやってギスギスしないのはすごい」とも言ってもらった。あまりに難しすぎて、どうやってもギスギスしてしまうようなゲームだったらしい。お互い平和が好きだし、おらふくんの考え方に違和感を覚えるようなことも全くないし、本当に心の底から気が合ってるから……だと僕は思っている。

そういえば、おらふくんは美容院で職業を聞かれてとっさに「音楽関係」と答えたことがあるらしい。根掘り葉掘り聞かれたらボロが出そうな隠し方だ。もし僕が聞かれたときは、もうちょっと嘘がばれにくそうな職種を言おうと思う。

そしておおはらMEN。YouTuberとしての活動歴は僕のほうが短いけれど、ドズル社では同期くらいの感じ。家に遊びに行くくらい仲が良いです。おおはらMENの家でみんなでポケカしたこともある。

おおはらMENがすごいのは、忙しいはずなのに全くそう見えないところ。ドズル社以外に、幼馴染と一緒に活動しているグループもあるなんて、どう考えても忙殺状態。会社の共有スケジュールを見てもたくさん予定が入っている。なのにいつも余裕がある。余裕過ぎてドズル社の中でトップの遅刻魔だけど。

そしてこだわりが強い。今は肉体改造中で、サプリや食べ物にめちゃくちゃこだわっている。デスク周りも動画のキャラクターからは想像できないくらい整頓されていて、「俺の最強の配信部屋！」という感じ。機器がすごい。キャッチフレーズは「ズボラな匠」だけれど、デスク周りはズボラさのかけらもない。

あと、おおはらMENといえばサウナだ。僕は怖くて幼少期以来入ったことがないのだが、おおはらMENとドズルさんは月に何度も行っているそうだ。ふたりはしょっちゅうサウナの話をしているけれど、施設名で話すので聞いていてもサウナのことだと気づけないときもある。マニアすぎる。

いつかおんりーも一緒に行こうと誘われている。楽しみ半分、怖さ半分だ。幼い頃父と行ったのが最後で、もう息苦しさしか覚えていない。現在の僕なら耐えられるのだろうか。

ちなみにサウナの効果について質問したら、医学部出身のドズルさんは、「サウナに医学的根拠はない」ときっぱり言っていた。誘い文句として最悪では？　「でも整うよ！」とも言っていたので、どういうものなのか、一度一緒に試させてもらうつもりだ。

あと、おおはらＭＥＮの意外な点といえば、実況者になる前は公務員になる予定だったらしい。すごく堅実なタイプみたいだ。のらりくらり流れついた先でやっていく僕とは全然違う。

ドズル社は、いろんな人がいる。なのに仲が良い。最高のグループだ。

自動生成されたおんりー

名前の由来をめちゃくちゃ聞かれる。「唯一の」なんてかっこいい意味を持つ単語で、深い思いが込められていそうだからだろう。そのたびに説明しているけれど、これは完全に偶然の産物で、自分の意思は全く入っていません。特に由来はない、というのが答え。

「おんりー」はマイクラを始めた日に生まれた名前だ。まだ配信を始める前、SNSすらやっていないとき、マイクラ用にMicrosoftのアカウントを作った。自動でアルファベットを適当に並べたIDが生成されるのだが、その中に「Qnly」という並びがたまたまあったのだ。そこから、「only」を連想したのが名前の由来だ。本当に意味がない。

あのとき「ｐａｓｔａ」が出ていたら今の僕はぱすただし、「ｕｆｏ」と出ていたらゆーふぉーだ。そう考えるとあのとき「Ｑｎｌｙ」と並べてくれた自動生成は持ってんな〜と思う。

その後、個人のＴｗｉｔｔｅｒを始めるに当たり、自分の名前をつけなくてはならなくなったので、「じゃあこれでいいやん？」「とりあえずひらがなにしとくか」とするりと決めた。当時はまだプロ視聴者ですらなかった。

今のところ、「他の名前にしとけば良かったなぁ」なんて後悔したことはない。ひらがなにしたのは我ながら良かったな、とは思う。こんなにみんなが使う言葉なのに、検索をかけるときに意外としっかり僕の情報にヒットする。たまに何かの歌詞が引っかかる程度だ。アルファベットのままだったら困っていたと思う。ドズルさんなんて、最初はガンダムの情報が出まくって大変だったと聞いた。

自分のＴｗｉｔｔｅｒのプロフィール設定で「おんりー」と入力したとき、こんなに多くの人から呼んでもらえる名前になるなんて思っていなかった。マイクラをプレイするためにとりあえずアカウントを作っただけなのに。そう考えると、感慨深いものがある。

p u w e v r a q d x k s f g Only h t o z c j i b m

定時をイメージして午前中から働く

僕がきっちり起きて午前中から働くのは、なんとなく「定時」をイメージしているから。定時出社、定時帰宅の「定時」だ。ゲーム実況という少し変わった仕事なので終わりの定時を守るのは難しいが、始まりの定時はあるほうが働きやすい。

YouTuberや実況者の中には仕事感覚でゲームをしない人も多いと聞く。でも僕は全てをはっきり仕事だと認識している。どっちがいいというわけではないが、僕にはこのやり方が合うのだと思う。朝から働き、自分が割いた時間に対しお金が発生している。それは仕事だ。胸を張って「僕は社会人です」と、言える。

この感覚は、僕の所属するドズル社のおかげかもしれない。

ドズル社では、僕のような配信する人を「タレント」として扱ってくれて、タレント業以外は会社の該当部署の方がやってくれる。自分のチャンネルだけの動画編集さんがいるし、プロデューサーさんもいる。撮影中は、動画の進行が企画に沿ってくれるかまで確認してくれる。配信枠を取ったり、告知画像を作ったりするのも他のスタッフの役割だ。ドズル社に所属する前、自分で全てやっていたときとはぜんぜん違う。めちゃくちゃ働きやすいシステムだ。

僕たち出演者が動画を撮ることに専念できる仕組みは、本当にありがたい。こうやってしっかり分業してもらっているから、僕の動画は僕個人のものではなく、「会社でプロジェクトとして作っているもの」という印象が強い。

もし将来ドズル社を離れて、ひとりでやることになったら……。と考えてみたら、全く無理だとまでは思わない自分に気づく。でもそれは、ドズル社でお世話になっているからだ。プロと一緒に仕事をさせてもらっているおかげで、知識が蓄積されてきた。ドズル社のスタッフのみなさんのおかげで、僕の自信や経験が生まれている。もし僕が実況者になっていなかったとしても、動画に関わる仕事をしていた気がする。プロ視聴者として動画に出ていた流れで、そのままドズル社に応募してスタッフとして働いていたかもしれないなぁ。

身バレ顔バレを絶対に避けながら世界を目指す

顔や年齢を非公開にしているのは、何かがあったときに周りの人に迷惑をかけるのが嫌だから。活動をしていると、意図してないのに炎上してしまう可能性もゼロじゃない。そのときに顔が割れていると、それだけで変な噂をネットに書かれてしまったりする。周りに良くしてもらって生きてきたので、その人達に迷惑をかけることだけは本当に嫌なのだ。これが年齢まで秘密にしている理由。

僕の身の回りで、活動をしていることを知っているのは親だけだ。地元の友達も、親戚も、誰も知らない。仲の良い友達は吹聴したり態度を変えたりはしないと思うけれど、念のためそうしている。

今後も顔出しする予定はない。プレイと声だけでもっといい動画を作りたい。目標は海外のマイクラ実況者の方々。世界には登録者数１０００万人、みたいな方がごろごろいて、その中には顔出しをしていない方もいる。僕は、そこを目指したい。

海外の有名実況者さんの動画は声が聞き取りやすく、見やすい。特にＲＴＡは速さを競うものなので、スピード感のせいで何をやっているのかわかりにくくなることが多い。けれど、トップの方たちは上手く視点を切り替えたりして、きちんと伝わるようにしている。

僕がよく観ているのはＣｒａｆｔｅｅさんという方のチャンネル。声のみの実況で、とてもわかりやすく見やすい動画をＵＰされているので、参考にさせてもらっている。英語の実況だけど、マイクラがわかれば言葉がわからなくても楽しめる。

見やすくなるように普段から気をつけていることは、地味なものばかり。観ている人は気づかないようなことでも、小さな工夫を積み重ねることで、視聴者さんが長く動画を観てくれるようになると思っている。

例えば、話しながら視点を切り替えないこと。それをやると切ってつなげたように見えて、集中しづらくなる。まぁ気をつけてはいるものの、やってしまうんだけど……。僕の動画を観ているときに「気をつけてるな」「今は忘れていたな」と注目してもらっても面白いかもしれない。

RTAはいつまでも終わらない

僕にマイクラのRTAを勧めてくれたのはドズルさん。これは声を大にして主張しておきたい。自分で見つけた道ではなく、ドズルさんが「RTAはどう?」と言ってくれた。僕の手柄ではない。当時海外ではもうRTAが流行っていて、上達しきった人がプレイングを動画化していた。でもまだ日本では実況している人が少なかったから、ドズルさんがそこに目をつけたという流れ。

それまでは「マイクラが上手くなるって、つまりどういうことだ?」という感じだった。FPSが上手いのは「敵をたくさんキルできる」「エイムがすごい」とか、わかりやすいけど、マイクラは「上手い」があまり明確じゃない。強いて言えば精巧な建築が作れることなのかな？　今はＲＴＡも浸透してきたけれど、当時のマイクラは速さを競うゲームでは全くなかったし。今も違うけど。

けれど、ドズルさんの提案で「タイムを縮める」という目標ができて努力の方向性が定まった。それからはとにかくリサーチ。やるからには上手くなりたいと、海外の動画を視聴しまくった。最初は「積み上げていくタイプのゲームをこんな簡単に終わらせちゃっていいの？」と戸惑った。

しかし、ＲＴＡは終わらないのだ。ゴールがない。タイムを縮める、というのは言ってしまえばいくらでもできる。記録を出したところで、まだ縮められる可能性がある。無限に極めていけるものだ。「早く終わらせる」ことに終わりがないなんて。

でも、ゴールがないからこそ、記録を更新する度に、しそうになる度にみんなで一喜一憂できる。「タイムを縮めた」とか「日本記録を出した」とか、目標達成することで、視聴者さんと一緒にみんなで喜べることが、楽しくてしょうがない。

マイクラのエンダードラゴン討伐RTAで2回日本記録を出した。ちなみにもう記録は塗り替えられてしまった。それは別にいいのだが、たまにお子さんが今も「おんりーがいちばんだよ!」と言ってくれていることがあり、それを見ると心が痛くなる。「今は別の人だよ」と言われても、「ちがうよ! おんりーだよ!」とかばってくれていることもたまにある。現在のRTA記録にアクセスしづらいのが理由だと思う。僕はもう違います。気持ちは嬉しいです。ありがとう。

けれど、二度も記録を出せたのは、応援してくれたみなさんのおかげだ。プロ視聴者時代から応援してくれている人もいる。僕がRTAを楽しく続けられているのも、一緒に喜んでくれるみなさんのおかげ。これからも終わらないRTAを突き詰めていきたい。

一人でもみんなでも知らない人とでも

「失礼のないように」。僕がコラボをするときに最も気をつけることだ。お誘いする方はだいたい雰囲気やテンションが近い方が多いし、みんないい人なのであまり不安になることはないけれど、失礼だけは避けたい。

コラボをすると、いつものメンバーとは違う人とやるからこそ出てくるキャラクターがある。ドズル社ではだいたい「おんりーはまとめ役」みたいなポジションになりがちだけれど、他の人が交ざるとそうはいかない。その中で、いかに「自分のキャラを出しつつ動画を面白くするか」を考えて動くのは楽しい。

と、ちょっとまじめな話をしたけれど、僕はコラボではあまり緊張しない。コラボは必ず面白くなるので考えすぎなくてもいいのだ。どんな企画をやるのかという打ち合わせは一応するけれど、結局はその場の流れで動画の中身が決まる。そして、面白い流れが必ず来る。撮れ高なんて気にしなくても、コラボで誰かとゲームをしているだけで、面白い反応が勝手に生まれていく。

他の配信者さんとの合同イベントへの参加はまた違う面白さがある。動画でのコラボはよく知っている人やノリが似ている人と組むことが多いが、イベントだとはじめましての人や全然テンションが違う人とご一緒させていただくことになる。

いつものメンバーや、プレイスタイルが似ているコラボ相手だと「これが普通」という枠をある程度共有している。けれど、イベントで出会う方は全く違う「普通」を持っていたりする。だから僕が「超普通のこと」だと思っていることに驚かれたり、喜ばれたり、逆に相手の普通に自分が驚かされることもあって、新鮮だ。

イベントはゲームをやるだけじゃないのもいい。間の雑談。これが面白い。他の人の話のつなぎ方に「すごい!」と感動して、学びになる。

ドズル社のメンバーと動画を撮るのも好き。コラボで知り合いと動画を撮るのも、イベントで面識のない方とお話するのも好き。ひとりで動画を撮るのももちろん好き。やっぱり僕は実況者が天職なのかもしれない。

チャレンジでの失敗は成功への燃料

身もふたもないことを言うと、仕事のやりがいは「はっきりと数字で見えること」。つまり、再生回数やチャンネル登録者数だ。

マイクラというカテゴリの中で中上位のポジションにいるのかどうか。自分やスタッフさんの頑張りと、観てもらえている回数が見合っているか。僕たちは全て数字で判断できる。これがとても良い。

自分のチャンネルの振り返りミーティングを毎週やっている。グラフを見ると数字がひと目でわかり、おかげさまで「やれているな」と実感できることも多い。このミーティングが、僕のモチベーションを保ってくれている。極端に落ちてない限りは「今週も頑張ったなぁ」と思える性格なので、「一喜」はするけど「一憂」はあまりしない。

落ちてしまうときはだいたい新しいことを試したときで、それはチャレンジの結果なので良しとしている。チャレンジしての失敗はＯＫ。この感覚でいると、落ち込むことは減るんじゃないかと思う。今まで好調だったシリーズが突然再生されなくなったらさすがに悩むけれど、新しいことを試した動画が再生されなくても、それはチャレンジの結果だからいい。また別の新しいことを考えるときのヒントにすれば、表面上は失敗でも、成功への燃料になる。

僕は、大きな失敗をした記憶というのがない。強いて言うなら、上京したときに住んだ家。めちゃくちゃ急いで決めたワンルームは住みにくくて、結局すぐ引っ越しするはめになった。もう少し考えておけば良かったなと思う。

でもこれだって、「次は経験者に相談してアドバイスをもらおう」、「いつか購入に踏み切るときのために今から情報収集しておいたほうがいい」ということがわかったのでＯＫだ。後悔が全くないわけじゃないけれど、次に活かせることがあれば「大きな失敗」ではない。だから僕にあるのは「結果は微妙だったけど、次の成功のための学びがあったこと」だけだ。

すごい人の言うことは聞いておけ

すごい人に「やっておいたほうがいいよ」と言われたことは、とりあえずやっておいたほうがいい。これが僕の持論です。

すごい人というのは、権力がある人ではなくて、「すごいなぁ」と自分で思った人のこと。親や上司のような、明らかな目上の人だけじゃなく、少し喋って「この人すごそうだ」「頭良さそうだ」と思った人のアドバイスは、とりあえず受け入れてみることにしている。この考え方は、ドズルさんのもとで働くようになり、より強くなった。ドズルさんのアドバイスを素直に聞いたおかげで、今の僕がある。

自分がいいなぁと思う人から吸収することは、絶対にいつか役に立つ。尊敬する人からの提案だと、やる気が出やすいのもいい。

何か僕に恨みがあるとかじゃない限りは、嘘のアドバイスをしてくることはない。自分より知識がある人が、「こうしたほうがいい」と言ってくれることは、近道を教えてくれているようなもの。だから僕はアドバイスを素直に聞く。そのときの自分に理解できなくても、いつか「本当だ、やっておいて良かった」と思う日が来る。割と本当に来る。数年後、数十年後かもしれないけれど。

小学生の頃、教育実習の先生に言われた「何か没頭できることを見つけたほうがいいよ」という言葉。幼い僕にはしっかりとは理解できなかったが、なんだかそうしたほうが良さそうだと感じた。その先生は話していて楽しく、他の先生よりも親しみが湧く「頼れるお兄ちゃん」的存在で、当時の僕の「すごい人」だった。卓球やマイクラに没頭できたのは、少なからずこの言葉のおかげもあると思う。そして10年以上経った今、「本当だ、やっておいて良かった」と感じている。

同じ理由で、親の言うことも聞いておいたほうがいいと思う。「聞いとけば間違いないだろうな」と素直に従ってここまで来たけれど、聞かなきゃ良かった！　と思ったことは一度もない。親のことを信頼しているなら、言うことを聞いておいて損はない。

人と比べて長所を探す

僕はメンタルがめちゃくちゃ強い。緊張することもほとんどない。もともとからの性質もあるけれど、ＲＴＡをやることでさらに鍛えられたのかなと思う。

マイクラのＲＴＡは、確率のめぐり合わせでタイムが縮められるかが決まる。全ての確率がぴったりハマったときに、ベストなパフォーマンスができないと記録は出ない。そして、全ての確率がぴったりハマるのかどうかは、終わるまでわからない。だから、毎回が本番だ。「記録更新できるかもしれない！」というタイミングが2時間おきに来たりもする。常に手が抜けず、常に緊張しなければいけない状態でずっとゲームをしているので、なんだかおかしくなっちゃった。緊張に体が慣れてしまったのかもしれない。

メンタルが強いから、人と比べるのも得意。実況者は人と比べると病んでしまう職業だと思うけれど、僕は強靭なのでみんなをライバル視している。バチバチ敵視しているわけではなくて、同じような企画をやっている動画を観て「どこが違うんだろう」と考えてみるとか、その程度だけど。

ちなみにドズル社メンバーは、比較一切なしという約束で成り立っているので、また別だ。他のグループだと、ランキングが出たりすることもあるけれど、うちは誰のグッズがどれくらい売上があるのか、とかは誰も知らない。僕が比べるのはドズル社以外の、やっていることが似ている実況者の方だけだ。

わかりやすいのは登録者数や再生数だと思う。けれど、もっと中身に注目する。「一番おもしろい部分を冒頭に持ってきてるからこんなに盛り上がってるんだな」、「このリアクションがあるからみんな再生してるんだな」とか。逆に比較から自分の長所を見つけて自信にすることもある。僕にとって、比較は市場リサーチ。自分の強みや、改善点を知るために比べている。自分のいいところも見つけられるのなら、「人と比べること」は、世の中で言われているほど悪いことではないと思う。

自分の『歌ってみた』が聞けない

自分の動画を観ることはあまりないほう。特に気に入っているとか、自分でも見返してしまうみたいな動画は思い浮かばない。

チャンネルの再生リストに「おんりーからのおすすめ動画」をまとめてはいる。これは、「こんなん無理やろ」みたいな無茶を売りにした動画が多い。本当に頭を使う企画だったし、収録時間も長かったし、再生回数も多い、という理由からおすすめにしている。大のお気に入りというわけではないし、見返してはいない。

逆に「今思うとなんでこんな企画やったんだろう?」と思うようなものはある。その最たる例が、「【マイクラ】おんりーの『手』公開!!手元を撮影しながらエンドラ討伐しようとしたら…【エンドラ討伐】」という動画だ。

当時は自分一人で企画を立てて撮影をし、編集だけをスタッフさんにお願いしている時期だった。わざわざドズル社まで行き、いかついカメラを借り、手元を映しながらエンダードラゴンを討伐した。当時の自分にツッコミたい。

マイクラで手元いらんやろ。

ＦＰＳ勢の手元は見て学べることが多いから、見せる理由はある。でも僕がやっているのはマイクラだ。討伐とはいえ、手元を見せる必要があるとは思えない。当時の自分は何を思ってこんな企画をやったんだろうと、不思議になる。撮影に至った流れも理由も、全く覚えていない。

僕が自分の動画を見返さない一番の理由は「自分の声をあまり聞きたくないから」だ。録音された自分の声を聞くと、謎の違和感があって変な気分になる。これはみんなそうだと思う。そういう意味だと『マイクラ１００ｄａｙｓ』という、シリーズが一番見返したくないかもしれない。これは実況を後から録音しているからだ。声の違和感に加え、「明らかに台本を読んでいる」という違和感もあり、自分に対して「ちゃんとしろよ」と思ってしまう。何か特別な事情がないかぎりは、二度とあのシリーズを観ることはないだろう。

そして、関わっていただいた方には大変申し訳ないが、先日出した『歌ってみた』も絶対聴かない気がする。完成版ができたときにチェックで聞いたが、あれを人生最後にしたい。100万回以上も再生してもらえたことはとても嬉しい。けれど、どうしても自分で聴くことができない。

歌うのは好き。歌ってみたも嫌じゃない。でも、聴くのがどうしても無理。正直、再生回数が上がっていくのも嬉しい半面、「僕の歌声がこんなに聞かれている⁉」と、少し複雑な気持ちになる。感想をいただいたときも、嬉しさの中に、むずがゆい気持ちが混じっている。もっと上手な歌専門の人がいるのに僕なんかが、という気持ちなのかもしれない。むずむずする。

なので、もし良ければ、僕の歌ってみたを1回聴いたら、そのぶん実況動画も1回観てもらえないだろうか。自分でもよくわからないが、それで心のむずがゆさが少し消える気がする。お手数ですが、もしお時間があれば、どうかお願いします。

コメント欄のタイムスタンプがありがたい

動画のコメント欄にタイムスタンプを作ってくださる方、本当にありがとうございます。あれは実況者側としてもすごく助かっています。「0：00」と動画の時間がリンクになっていて、押したらそこにジャンプできるやつ、あれがタイムスタンプ。なんなら固定させていただきたいくらいありがたいです。

特に動画丸ごとの流れをしっかりまとめて、見どころをタイムスタンプにしてくれているコメントは、神様だと思っている。気に入ったワンシーンのタイムスタンプを押して感想を書いてもらえるのも嬉しい。特にそこが自分でも気に入ってる部分だと、「伝わってる！」とテンションが上がる。

動画のコメントは読んでいる。というかまず、コメントの内容にかかわらず何かを書いてくれていることが嬉しい。動画にリアクションしてくれる人がいる、ということが実況者にとってどんなにありがたいことか……。コメントがたくさんついているのを見ると、動画を作って良かったなあと嬉しくなる。

そしてちょっとリアルな話をすると、おすすめ動画に選ばれるかどうかにはコメント数がめちゃくちゃ大事なのだ。その動画を面白いと思って反応してくれる人が多いほど、僕のことを知らない人に動画が届く可能性が上がる。観てくれるみなさん、反応してくれるみなさんのおかげで、僕の動画が広まっていく。本当にありがとうございます。

コメントはリサーチの対象としても確認している。どういう部分を面白いと思ってもらえているのか、求められているものが何か、というのはもちろんだけど、「○○についてコメントしてね」「これ知っている人がいたら教えてください」などの呼びかけをしたときとそうじゃないときの差もなんか興味深い。

コメントを書きやすくなる動画形式もあるっぽいので、そこらへんも研究していきたい。まだまだ勉強できる部分がたくさんあって、ワクワクする。

アイデアは量から生まれる

ドズル社には「新しいことを生むためだけのミーティング」がある。週一ペースで10分程度。頻繁！　そして短い！　と思われるかもしれないが、量が必要なのだと思う。

会議での話は割と抽象的。メンバーそれぞれがなんとなく思いついた「企画になりそうなキーワード」をなぐり書きしたものを持ち寄り、話していく。その話を企画チームのスタッフに渡してもんでもらう形だ。

思いついたことをとにかくどんどん出す形式なので、「チェンソーマンっぽい何か」とか、そのレベルの曖昧なワードが多い。最初から完全に煮詰まっているものを出す人もいるけれど、タイトルが出落ちすぎて動画にならなそうなものもたくさんある。一度、ぼんじゅうるさんが「このミーティングの時間を電気代の支払いに当てたい」と半ばお願いのような案を出してきたのには笑ってしまった。

けれどそこから「電気代を払いたいぼんじゅうるvs阻止したいドズル社メンバー」ならありかも？　と話が展開し、「〝電気代を払いたい〟の部分だけ変えれば面白い企画になるんじゃないか？」と、立派にミーティングとして成り立った。

日々の出来事から「どうかしたら企画になるんじゃないか」というワードを、どんなに細かいものでも拾っていく。「ありえないかも」と思ってもとりあえず出してみる。これがドズル社ならではのアイデアを生んでいるのだろう。そのワード自体がダメでも、そこからの雑談がきっかけで、新企画が生まれることなんていくらでもある。粗いぶん、量はたくさん出す。ひとり50個持ってくることなんてしょっちゅうある。考えて考えて練り上げてから発表するのではなく、「なぐり書きでじゅうぶん！」とみんなに出していく。そして発展させていく。

みんなが何でも言える空気、というのもアイデア出しには必要そう。少しでも面白かったらどうにか企画にしてチャレンジしていこうという気持ちをみんなが持っているので、ドズル社の会議はすごく平和で楽しい。

通過点としてのマイクラ日本一

いつまでゲーム実況をするかとか、その後どうするかとか、今は考えていない。ドズル社メンバーに43歳のぼんじゅうるさんがいるので、僕もまだまだ出演者としてやっていけるのだろうとぼんやり思っている。しばらくは今と同じように、その場でやれることをしっかりとやる。何かあったらそのとき考えようと思っている。

僕の体力や年齢がどうこうより、配信サービスがなくなってしまうとか、環境の変化が先なんじゃないかと思う。それについては社長のドズルさんが「もしYouTubeがなくなったらどうするか?」をしっかりと考えていて、情報の共有もしてくれている。他の企業の方との会食で知った現在の情勢や、今後ありえる時代の流れ、今後どうしていくべきかの勉強会を定期的に開催してくれるのだ。自力で調べたり、動画のトレンドを追っているだけではわからない情報も入ってくる。

ドズル社はみんなに情報を共有することが絶対で、話し合いで物事が決まるのも働きやすい。「スケジュール管理アプリを何にするか」なんて小さいことも、話し合いで決まる。知らないところで何かが勝手に決まっているなんてことはない。全部話し合い、全部共有するのが僕たちのスタイルだ。

そんなドズル社みんなの共通認識として「マイクラ日本一になる」という目標がある。これもミーティングで話したことだ。マイクラ日本一とは？　何を達成すれば日本一なの？　という答えはまだ見つかっていないけど。

ドズル社は視聴者参加型のマイクラサーバーを持っているが、その規模は日本一と言っても過言ではないと思う。いや、胸を張って日本一だと言えるレベルだ。このサーバーを育てながら「マイクラ日本一だ！」と言える日を僕らは目指している。

その「マイクラ日本一」も、実は通過点。最終的にパーティーゲームをみんなでわいわいやって、面白いと言ってもらえるようなグループになりたい。今はまだマイクラ以外のゲームは趣味の範疇だけど、いつか僕らがそういう存在になれますように。

おわりに

視聴者のみなさんにはとてつもなく感謝している。みなさんのおかげで僕が成り立っている。それはそれとして、すごく疑問なのだ。僕を推してくれて、著書まで読んでくださる人に「なんで？　どうして？　逆にどういう心境なの？」と質問したいくらいの気持ちになっている。僕の人物像を知りたいと思ってくれている人がいる、ということに、ここまで来ても実感がまだ湧いていない。

この本を読んだ方たちはどういう感想を抱いてくれるんだろう。本当に知りたい。視聴者さんの中には「子どもと一緒に観ています！」と言ってくださる保護者の方もたくさんいる。そういう人にも読んでもらえたら嬉しい。保護者の方たちに「うちの息子にもこうなってほしいなぁ」と思ってもらえる部分があればすごく嬉しいな、と勝手に思っている。謎の願望。

この本には今まで話したことのないエピソードをたくさん書いた。僕は実況者なのに、自分の話をすることがそんなに得意ではない。質問されたら答えるけれど、ゲーム実況中に「最寄り駅は無人ですか?」「米俵は持てますか?」「にんにくはチューブタイプですか?」なんてピンポイントなコメントが来ることもない。出しどころがなかったエピソードをたくさん書けた気がする。先日、ドズルさんにこの本の原稿を読んでもらったら「これ知らなかった!」「あれ知らなかった!」と、全然知られていなかった。ドズル社メンバーも知らないことを、たくさん書きました。

なので、お願い。感想は、Twitterやネット書店のレビュー欄で教えてほしい。動画や配信のコメント欄で言ってもらうのもありがたいけれど、本を買っていない人にもバレちゃうのがちょっと気恥ずかしい。本買ったよ! のご報告は嬉しく読ませていただくけれど、内容をいっぱい書かないでね。恥ずかしくて反応できなくて、困っちゃうので。変なお願いでごめんなさい。

最後に。僕の動画を観てくれているだけでもありがたいのに、著書までお読みいただきありがとうございました。

これからもおんりーを応援していただけると嬉しいです。

THANK YOU

急《いそ》がばナナメ

2023年 3 月 1 日　初版発行
2024年 5 月30日　 6 版発行

■著者　おんりー
■発行者 山下 直久
■発行　株式会社KADOKAWA
〒102-8177　東京都千代田区富士見2-13-3
電話 0570-002-301(ナビダイヤル)
■印刷所 大日本印刷株式会社

■お問い合わせ
https://www.kadokawa.co.jp/(「お問い合わせ」へお進みください)
※内容によっては、お答えできない場合があります。
※サポートは日本国内のみとさせていただきます。
※Japanese text only

定価はカバーに表示してあります。

ISBN 978-4-04-897564-3　C0095